自分ごととして考える
これからのエネルギー教育

―「高レベル放射性廃棄物の処分」を題材として―

平賀　伸夫［編著］

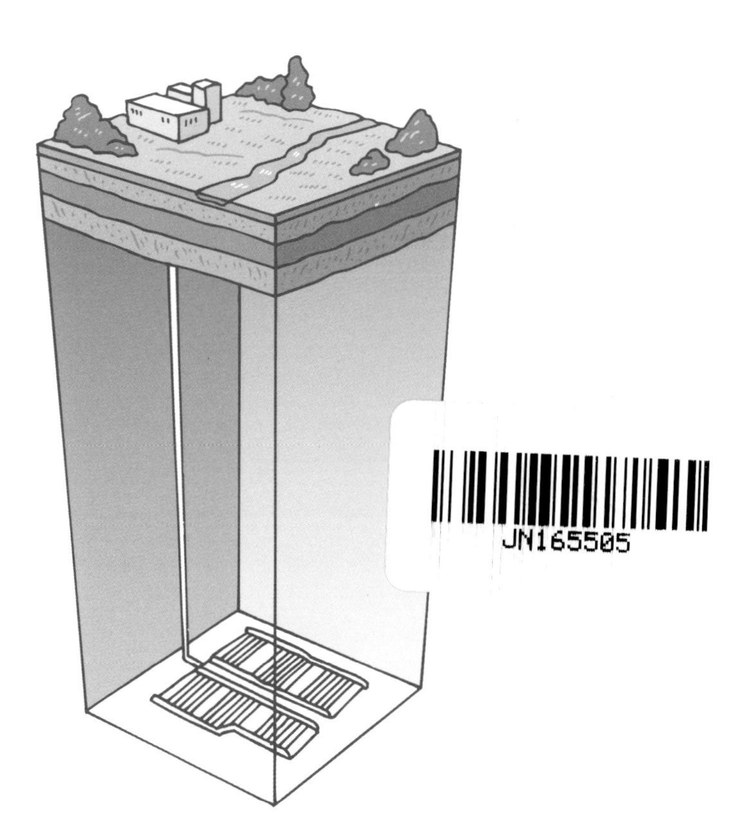

三重大学出版会

はじめに

高レベル放射性廃棄物の処分は、日本が抱える重大な問題です。高レベル放射性廃棄物はすでに日本に存在します。今後の原子力発電の動向に関係なく、今あるものは処分しなければなりません。また、この問題は長期にわたって取り組む必要があるため、次の世代を担う子どもたちに、ぜひ伝えておくべきものです。

この問題について、日本学術会議は、問題の重要性と緊急性を国民が認識すること、そして、学校教育においてこの問題を扱うことの必要性を提言しています。また、処分事業の実施主体である原子力発電環境整備機構は、国民の理解促進を目的として、出前授業や教育関係者を対象としたワークショップを開催しています。しかし、学校教育全体としては、この問題はほとんど扱われていません。理由の一つとして、教材の少なさが挙げられます。

このたび、高レベル放射性廃棄物の処分をテーマとした教材を作成しました。教材を通して、子どもたちに、高レベル放射性廃棄物とその処分に関する知識を理解させるとともに、学習した知識を活用して、高レベル放射性廃棄物の処分について自分ごととして考えられるようにすることをねらいとしています。

本教材は、三重大学教育学部理科教育講座平賀伸夫研究室での検討を通して、卒論研究、修論研究として田中大樹氏が中心となり作成したものです。三重県理科・エネルギー教育研究会の会員である秦浩之氏、小西伴尚氏、瀬川真奈美氏により、本教材を用いた授業実践を行い、実践結果の分析、検討を通して改善し、完成させました。

多くの先生方に、本教材を用いた授業実践をしていただきたいと考えています。実践されましたら、授業の様子、結果、感想等をお寄せください。これらの情報をもとに、さらに、教材を改善したいと考えています。

最後になりましたが、教材の作成にあたり、多くの皆様からのご助力をいただきました。特に、中部電力株式会社三重支店、原子力発電環境整備機構地域交流部、新・エネルギー環境教育情報センターの皆様からは、多くの情報、ご意見をいただきました。ここに記して感謝を申し上げます。

2018 年 1 月

平賀伸夫

本書の使い方

・教材名は『あなたならどうする? 高レベル放射性廃棄物の処分』です。ワークシートを用いて授業を進めます。「生徒用ワークシート」は付録の CD にあります。図はカラーにしましたが、学校で一般的に使用される白黒印刷でも見やすい色使いにしてあります。1 頁ずつを A4 用紙に印刷する、見開き(2 頁)を A3 用紙あるいは B4 用紙に印刷するなどしてご使用ください。見開きでご使用の場合、課題に対する解説や解答が次頁になるように、本書のⅡ部と同じ見開きのレイアウトで印刷してください。

・本書のⅠ部には、本教材の目的、構成、特徴等の説明があります。はじめにお読みください。

・本書のⅡ部は「教師用ワークシート」です。CD にある「生徒用ワークシート」の質問の解答や解説、指導上の留意点等が朱書きしてあります。授業を計画、実施する際にご活用ください。

目　次

I 部

授業を行うにあたって

1．はじめに

現在、日本は様々なエネルギー問題を抱えています。その一つに、高レベル放射性廃棄物の処分の問題があります。高レベル放射性廃棄物は、強い放射線を出すため非常に危険です。人間に影響を及ぼさないように地中深くに処分（以下、地層処分）する計画ですが、現段階では処分地が決まっていません。近い将来、住民投票などの方法で、処分地に関する国民の意思が問われるはずです。「知らない」では済ませられません。適切な意思決定ができるように、現段階から正しい知識をもつべきです。

高レベル放射性廃棄物の処分が完了するまでには、100 年以上かかると想定されています。次の世代にも引き継いでもらわなければならない問題です。さらに、高レベル放射性廃棄物の放射能が減衰するまでには、数万年という極めて長い年数を要します。次の世代でも完結できません。次の世代はその次の世代、その次は・・・、と、高レベル放射性廃棄物の存在と危険性を何世代にもわたって伝えていく必要があります。義務教育課程に、高レベル放射性廃棄物の処分の内容を位置づける必要があると考えます。

2．本教材の目的

本教材は、次の 2 つを目的としています。

<u>目的 1　高レベル放射性廃棄物の処分に関する正しい知識を理解する</u>

本教材で扱う高レベル放射性廃棄物の処分については、多くの生徒が知らない、あるいは理解していないことが予想されます。この問題について考えるために、まずは正しい知識を理解することが必要です。

<u>目的 2　“自分ごと”として考えられるようにする</u>

本教材は、高レベル放射性廃棄物の処分の問題を“自分ごと”（自分自身の問題）として考えられるようにすることを目的としています。

高レベル放射性廃棄物に関するシンポジウムなどで、「原子力発電を稼動させた国や電力事業者が責任をもって解決すべきである」、「我々が原子力発電を望んだ訳ではないので、廃棄物に対する責任はない」といった、他人ごとともとらえられる意見を聞くことがあります。確かに、問題解決のためには、国や電力事業者が責任をもって主導することが大前提となります。それと同時に、国民全体が他人ごとではなく、自分ごととして、主導の方向性の適切さを判断する、場合によっては反対する必要があります。この問題を正しく理解し、すべての関係者が納得した形で合意形成し、事業を進めるべきです。そのためには、自分ごととして考えることは必要不可欠なのです。

3．本教材の構成

本教材は、理科の学習内容との関連を考慮して、対象を中学校第 3 学年としています。教材は 4 つの章で構成し、1 章は理科の「科学技術と人間」の単元、2 章以降は総合的な学習に位置づける計画です。全 10 時間扱いとなります。

章		節	
1	電気エネルギーと放射線(4)	1-1	電気エネルギーについて
		1-2	放射線について
2	原子力発電所から出る“危険なゴミ”(2)	2-1	高レベル放射性廃棄物について
		2-2	高レベル放射性廃棄物の処分方法を考えよう
3	高レベル放射性廃棄物を処分するために(3)	3-1	地層処分について
		3-2	処分地を決めるときに重視する要因を考えよう
		3-3	処分地を決定しよう
4	私たちの未来(1)	4-1	私たちのこれからを考えよう

※( )内の時間は授業時間数を示す

4．本教材の特徴

本教材には、“自分ごと”として考えられるようにするための５つの特徴があります。

特徴１　知識を理解した上で、自分の意思を決定する

知識を理解することは重要です。しかし、それだけでは、問題を自分ごととして考えられるとは限りません。

本教材では、自分ごととして考えられるようにするために、様々な課題に対して自分の意思を決定する場面を設けています。具体的には、①ガラス固化体の処分方針(隔離処分をするか、地上管理し続けるか)<2-1 節>、②ガラス固化体をどこに隔離処分するか（地層、宇宙、海洋底、氷床）<2-2 節>、③処分地を決定するときにどの要因を重視するか（科学的な要因５つ、社会的な要因５つの順位づけ）<3-2 節>、④仮想の候補地の中でどこを処分地とするか<3-3 節>、の４つの場面を設けています。

このうち、①や②は、既に決定していることについて考えるものです。地層処分を決定事項として理解するのではなく、地層処分に決定するまでの道筋を自らが考えながら辿ることで、地層処分に対する理解を深めます。また、地層処分ありきで理解させるのではなく、将来よりよい処分方法が確立された際には、将来の世代が再処理を選択できるように、今後もよりよい処分方法を追究し続ける心情を育むこともねらいとしています。

特徴２　話し合いをふまえて、自分の意思を決定する

自分の意思を質の高いものにするには、多面的な視点から考えることが必要です。そこで、はじめに各自で意思を決定し、そのあとに話し合いを行い、再び各自で意思を決定する、という一連の活動を位置づけています。話し合いでは、それぞれの意思とその根拠を共有させます。新たな視点を獲得することで、自分の意思をより多面的な根拠に基づくものにすることをねらいとしています。さらに、話し合いで自分の意思を発表する、相手の反応をみる、相手からの質問に答えるなどの活動を通して、自分ごととして考える、自分の意思に責任をもつ、という効果も期待できます。

特徴３　処分地の決定を体験する

この問題を自分ごととして考えられるようにするために、各自が処分地

を決定する活動を位置づけています。3-2 節では、科学的な要因（5 つ）と社会的な要因（5 つ）に分け、要因ごとの重要度を意思決定します。3-3 節では、「国内全域を対象にした調査を行った結果、7 つの候補地が挙げられた」とした上で、候補地に関する情報をもとに、科学的な要因と社会的な要因の両面からの考察を通して、候補地の中から 1 つの処分地を意思決定します。さらに、決定後、決定した処分地の近くに自分は住むか、決定した処分地が自分の住む地域だったら受け入れられるか、といった切実な問題を考えます。

特徴 4　地層処分の是非について考える

地層処分の是非について考える活動を 3 回行います(3-1 節のはじめとおわり、4-1 節)。自分の意思を賛成から反対までの 5 段階から選び、理由を書きます。3 回目の活動のあと、自分の変化を振り返ります。地層処分の是非について、今の自分の考えに至った経緯を整理します。

特徴 5　処分地決定の際の責任について考える

処分地決定の際の責任に関する質問を 2 回行います（3-2 節、4-1 節）。4 つの選択肢から自分の考えに近いものを選び、理由を書きます。4 つの選択肢は、決められないのは仕方がない、国がしっかりと決めなければならない、決められる大人になりたい、私たち自身が考えていかなければならない、の順に、他人ごとから自分ごとになるように設定してあります。2 回目の活動のあと、自分の変化を振り返ります。処分地決定の際の責任について、今の自分の考えに至った経緯を整理します。

5．おわりに

ガラス固化体の処分方針、処分地の決定など、意思を決定する場面を設けてあります。これらの意思に明らかな正解や不正解はありません。授業者が考える正解の方向に、子どもを意図的に誘導するのは望ましくありません。本教材を実施する際に重視していただきたいのは、決定した意思の内容よりも、決定する過程で、多面的な視点に立って、自分ごととして考えたかどうかです。授業を計画、実施する際、ご留意ください。

II部

教材
『あなたならどうする？高レベル放射性廃棄物の処分』
（教師用ワークシート）

あなたならどうする？　高レベル放射性廃棄物の処分

年　　組　　席　名前＿＿＿＿＿＿＿＿＿＿

この教材で学習するみなさんへ

みなさんの生活は、電気エネルギーなしには成り立ちません。みなさんがたくさんの電気エネルギーをいつでも安定して使うことができるように、日本全国の発電所では、24時間、365日、休むことなく発電が行われています。

現在、原子力発電を行っている世界の各国では、原子力発電で使用した核燃料から出る“危険なゴミ”を、どのように処分するかが大きな問題になっています。この問題について学び、この問題を解決するために、私たちがこれからどのようにこの問題と関わっていくべきか、ぜひ、みなさんで考えてみてください。

＜ もくじ ＞

1章　電気エネルギーと放射線

1．電気エネルギーについて

私たちの生活の中では、さまざまなものに電気エネルギーが使われています。まずは、電気エネルギーについて学びましょう。

（1）電気エネルギーは私たちの生活でたくさん使われている

物体を動かしたり、物体を変形させるなど、物体に対して仕事をする能力を**エネルギー**といいます。エネルギーには、さまざまな形があります。

考えよう：家の中で電気エネルギーを使っているものは何があるだろうか。

<回答例>

テレビ、冷蔵庫、エアコン、扇風機、洗濯機、電子レンジ、ライト、パソコン、時計、携帯電話（スマートフォン）、掃除機、乾燥機、ドライヤー、ホットプレート、トースター、ヒーター

考えよう：上で書いたものは、電気エネルギーをどのようなエネルギーに変えて使っているのだろうか。

もの	エネルギー
テレビ	光エネルギー・音エネルギー
エアコン・ヒーター	熱エネルギー
扇風機	運動エネルギー
ドライヤー	熱エネルギー・運動エネルギー
ホットプレート	熱エネルギー
掃除機	運動エネルギー
ライト	光エネルギー
洗濯機	運動エネルギー

私たちが生活の中で使っているものの多くは、電気エネルギーを変換して使っています。これは、電気エネルギーは電線を用いて簡単に運ぶことができ、他のエネルギーに変換しやすく、エネルギーを変換する時の損失（熱などとして逃げていく量）が他と比べて少ないためです。

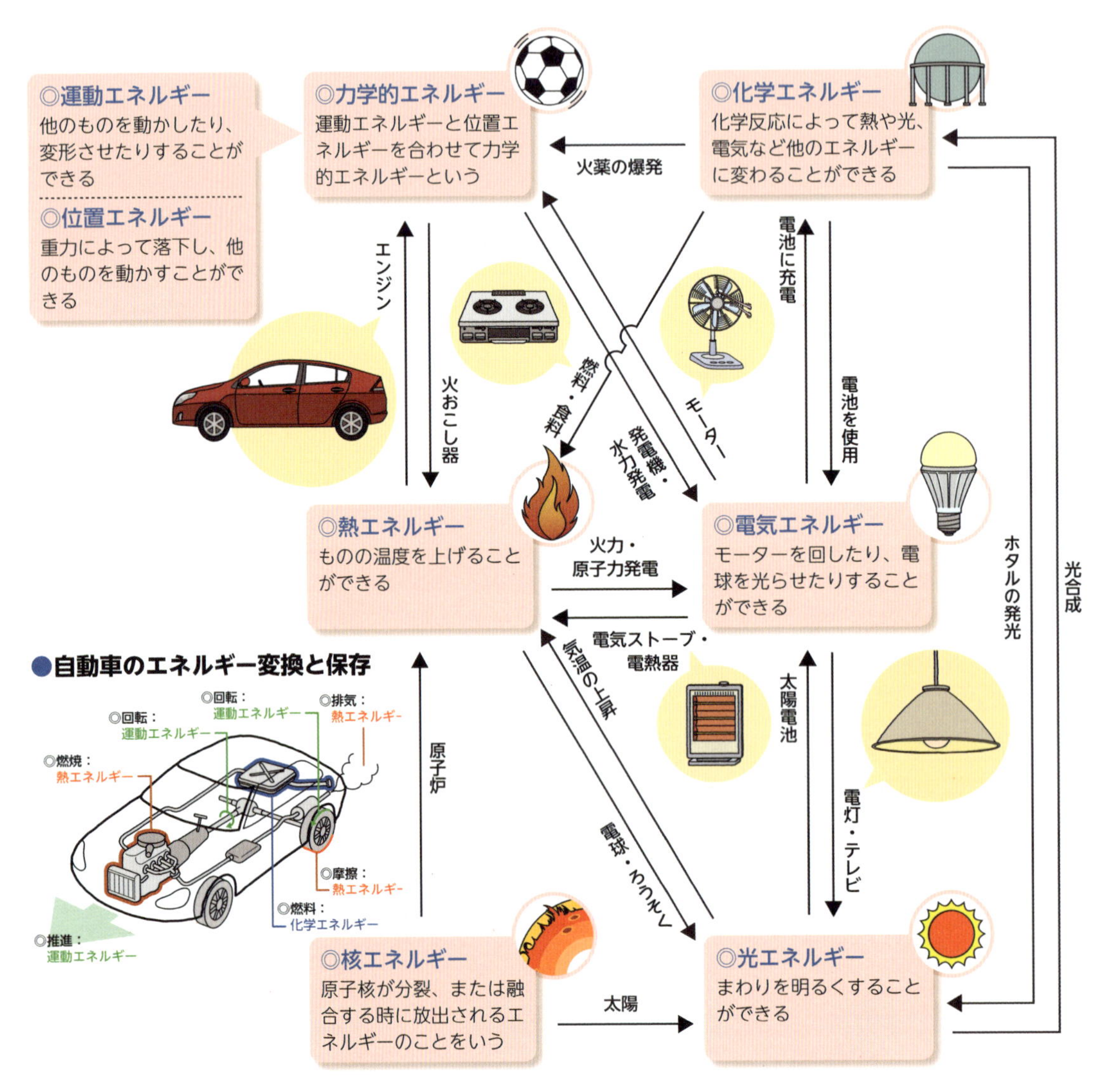

図１：さまざまなエネルギーとその変換
（経済産業省（2015）「わたしたちのくらしとエネルギー」をもとに作成）

（２） 日本は多くの電気エネルギーを消費している

日本は、一人当たりの電力消費量が世界で４番目に多く、世界平均の約 2.6 倍もの電気エネルギーを消費しています。

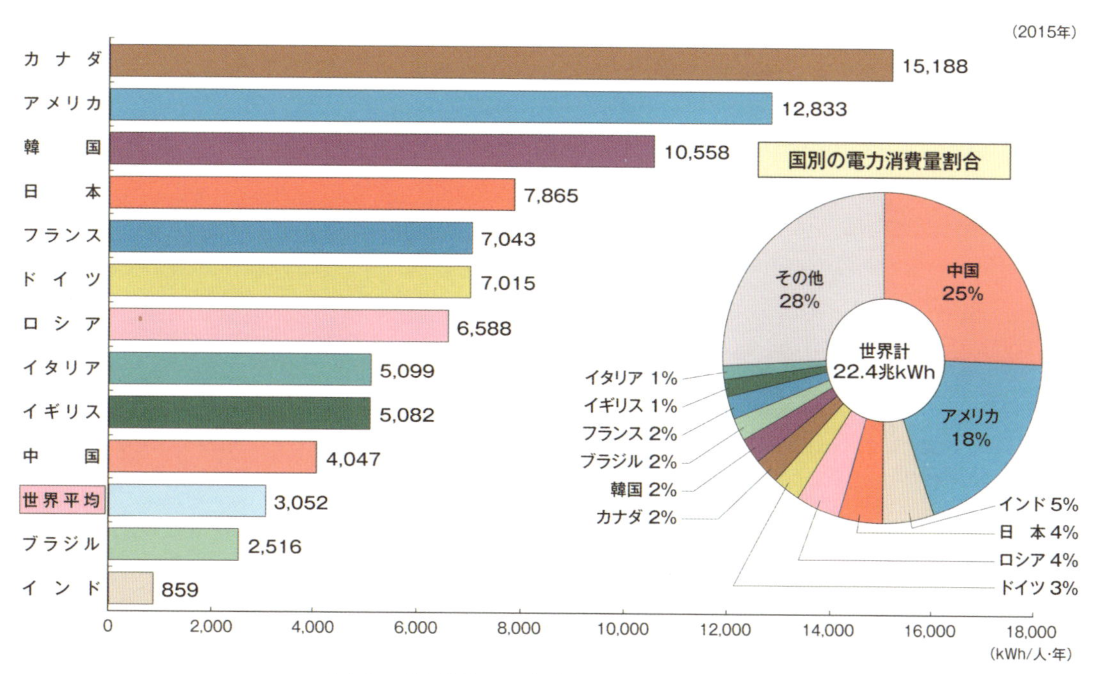

図２：主要国の一人当たりの電力消費量
（日本原子力文化財団（2016）「原子力・エネルギー図面集 2016」より）

考えよう：日本はこれだけの電気エネルギーを、どのようなエネルギー資源と、どのような発電方法を使って得ているのだろうか。

エネルギー資源	発電方法
石油・石炭・天然ガス	火力発電
水（がもつ位置エネルギー）	水力発電
ウラン	原子力発電
太陽光	太陽光発電
風	風力発電
地熱	地熱発電
生物資源（木くず、可燃性ごみなど）	バイオマス発電

日本では、化石燃料（石油、石炭、天然ガス）やウラン、再生可能エネルギー（水、風、太陽光、地熱等）などのエネルギー資源を使って電気エネルギーを得ています。それぞれにメリットとデメリットがあり、どれも万能なものではありません。そこで日本は、さまざまなエネルギー資源と発電方法を組み合わせて使うことで、たくさんの電気エネルギーを安定して得ています。

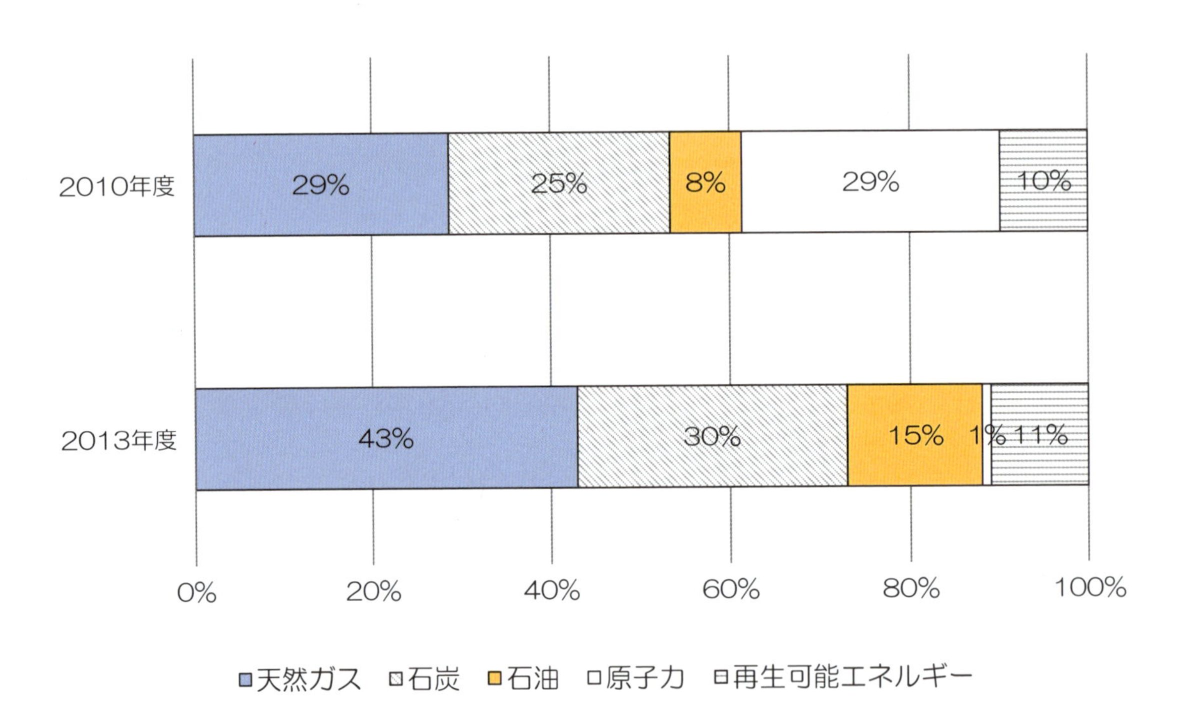

図３：日本の発電方法の組み合わせ
（日本原子力文化財団（2016）「原子力・エネルギー図面集 2016」のデータをもとに作成）

それぞれの発電方法のメリットとデメリットを理解するためには、発電の方法をよく知る必要があります。次は、日本で行われているさまざまな発電の方法について学びましょう。

（３） 日本で行われているさまざまな発電の方法

日本は、さまざまなエネルギー資源と発電方法を組み合わせて使うことで、たくさんの電気エネルギーを安定して得ています。ここでは、火力発電、原子力発電、水力発電、太陽光発電、風力発電について学びましょう。

問題 電気エネルギーがどのようにしてつくり出されるのか、５つの発電方法の説明の下にある（　）の中に、エネルギー変化の流れを書こう。

① 火力発電

燃料（石油、石炭、天然ガス）を燃やして、水を水蒸気にします。この水蒸気の力でタービンを回転させて、つながっている発電機で発電します。

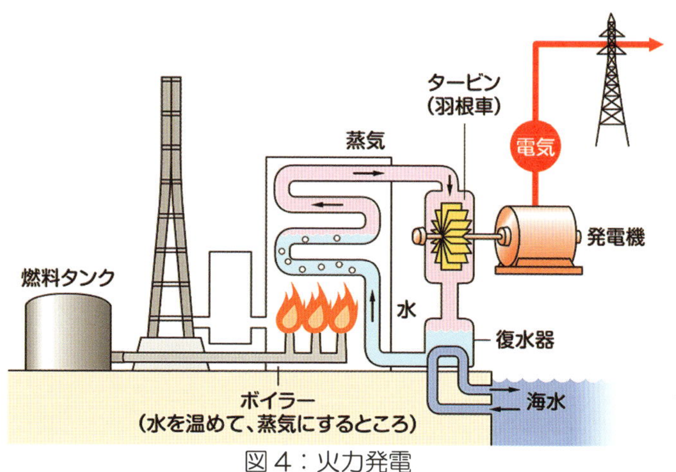

図４：火力発電
（中部電力株式会社（2015）「出前授業資料」より）

（　化学　）エネルギー →（　熱　）エネルギー
→（　運動　）エネルギー → 電気エネルギー

② 原子力発電

ウランを使い、核分裂という反応で得られる熱エネルギーを利用して、水を水蒸気にします。この水蒸気の力でタービンを回転させて、つながっている発電機で発電します。

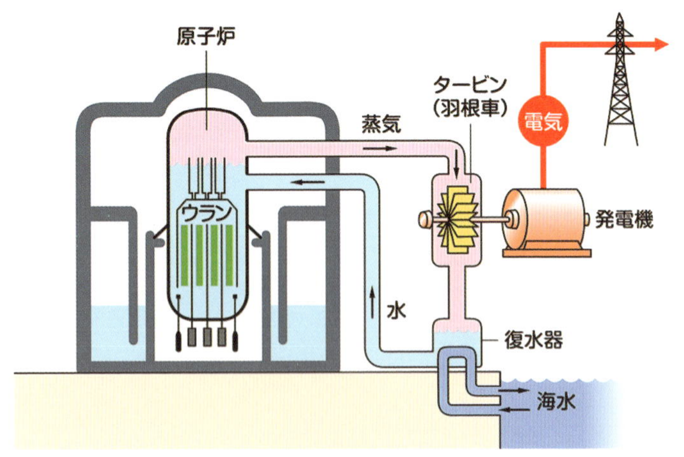

図５：原子力発電
（中部電力株式会社（2015）「出前授業資料」より）

（　　核　　）エネルギー →（　　熱　　）エネルギー
→（　　運動　　）エネルギー → 電気エネルギー

③ 水力発電

高い位置から低い位置へと水を勢いよく流すことで水車を回転させて、つながっている発電機で発電します。

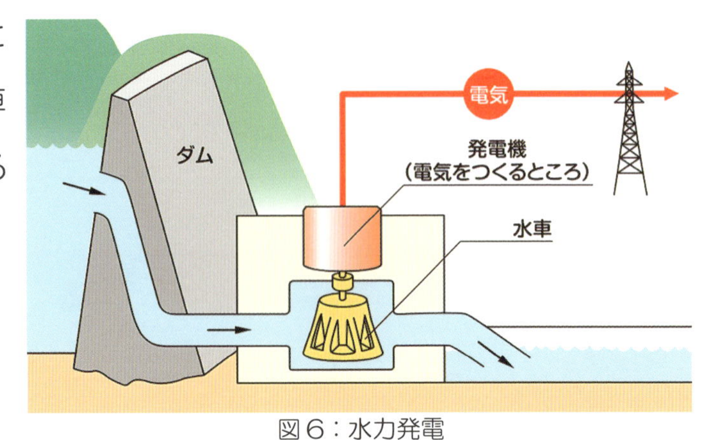

図６：水力発電
（中部電力株式会社（2015）「出前授業資料」より）

（　　位置　　）エネルギー →（　　運動　　）エネルギー
→ 電気エネルギー

④ 太陽光発電

太陽電池に太陽の光が照射されると、太陽電池の中の電子（マイナスの電気を帯びた粒子）が移動します。これにより、電気エネルギーが生じます。

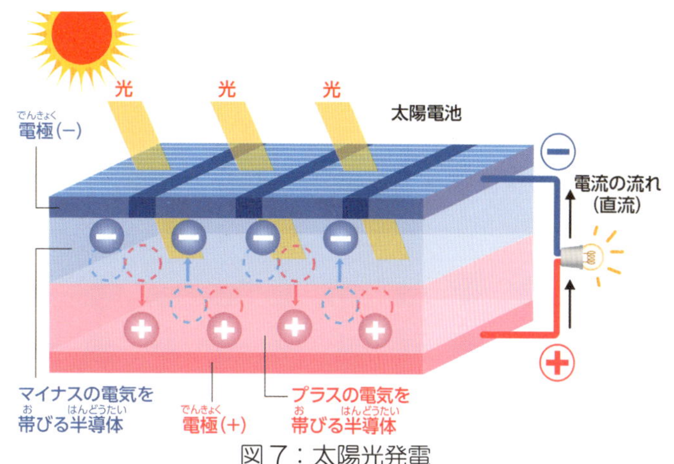

図７：太陽光発電

（中部電力株式会社（2015）「出前授業資料」より）

（　　光　　）エネルギー　→　電気エネルギー

⑤ 風力発電

ブレードに風が当たると、ブレードが回転し、その回転が増速機に伝わります。増速機でギアを使って回転数を増やし、つながっている発電機で発電します。

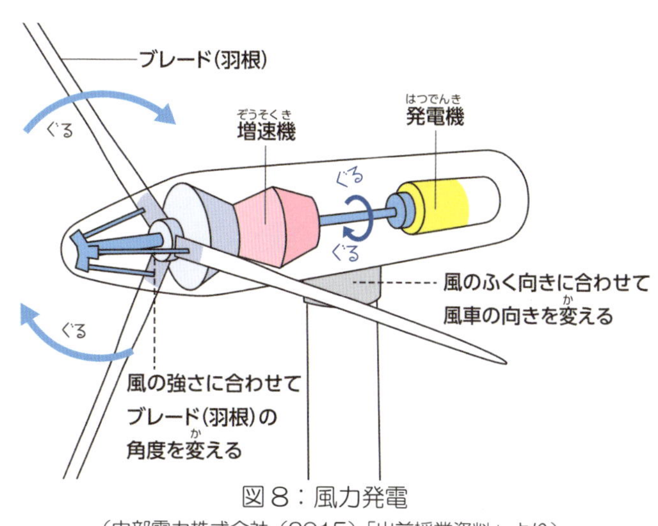

図８：風力発電

（中部電力株式会社（2015）「出前授業資料」より）

（　　運動　　）エネルギー　→　電気エネルギー

MEMO

（４） 各発電方法にはメリットとデメリットがある

エネルギー資源はどれも万能なものではなく、それぞれにメリットとデメリットがあります。そのため、複数の発電方法とエネルギー資源を使っています。

考えよう：下の５つの発電方法には、それぞれどのようなメリットとデメリットがあるだろうか。

発電方法	資源	メリット	デメリット
火力発電	石油 石炭 天然ガス		
原子力発電	ウラン		
水力発電	水		
風力発電	風		
太陽光発電	太陽光		

５つの発電方法には、それぞれにメリットとデメリットがあります。それぞれのメリットとデメリットをよく理解した上で、エネルギー資源と発電方法の組み合わせを考えることが重要です。また、発電をする際にはさまざまな問題が生じます。次は、発電をする時に生じる問題について学びましょう。

発電方法	資源	メリット	デメリット
火力発電	石油 石炭 天然ガス	・たくさんの電気を、安定して発電することができる。 ・発電量を調整しやすい。	・燃料のほとんどを、輸入に頼っている。 ・化石燃料には限りがある。 ・発電時に二酸化炭素などが出る。
原子力発電	ウラン	・少ない燃料で、たくさんの電気を安定して発電できる。 ・発電時に二酸化炭素を出さない。	・事故発生時の影響が大きい。 ・放射性廃棄物の適切な処理や、処分が必要。
水力発電	水	・水の落下によるエネルギー（位置エネルギー→運動エネルギー）を利用するため、無くなる心配が無く、繰り返し使うことができる。 ・発電時に二酸化炭素を出さない。 ・発電量を調整しやすい。	・雨の量などの自然条件によって、発電量が左右される。 ・日本には、大きな河川も少なく、今後、大きなダムを作ることが難しい。 ・ダムを作ることで、生態系のバランスが崩れる恐れがある。
風力発電	風	・自然のエネルギーを利用するため、無くなる心配が無く、繰り返し使うことができる。 ・風さえあれば、夜間でも発電できる。 ・発電時に二酸化炭素を出さない。	・風向きや、風の強さに発電量が左右されるので、安定した発電ができない。 ・常に安定した風が必要なので、設置場所が限られる。 ・ブレードが回転するときに、騒音や振動が発生する。
太陽光発電	太陽光	・自然のエネルギーを利用するため、無くなる心配が無く、繰り返し使うことができる。 ・発電時に二酸化炭素を出さない。	・天候に左右されるので、発電量が安定しない。 ・夜は発電できない。 ・たくさん発電するためには、広い土地が必要。

（経済産業省（2014）「なっとく！再生可能エネルギー」、中部電力株式会社（2015）「出前授業資料」より作成）

（５） エネルギー資源には限りがある

化石燃料（石油・石炭・天然ガス）や、ウランは、決して無限に存在するわけではありません。近い将来、全て使い切ってしまうと予測されています。今後も人間が活動を続けていくためには、エネルギー資源を効率よく使うよう工夫し、エネルギー資源の節減に努めなければなりません。

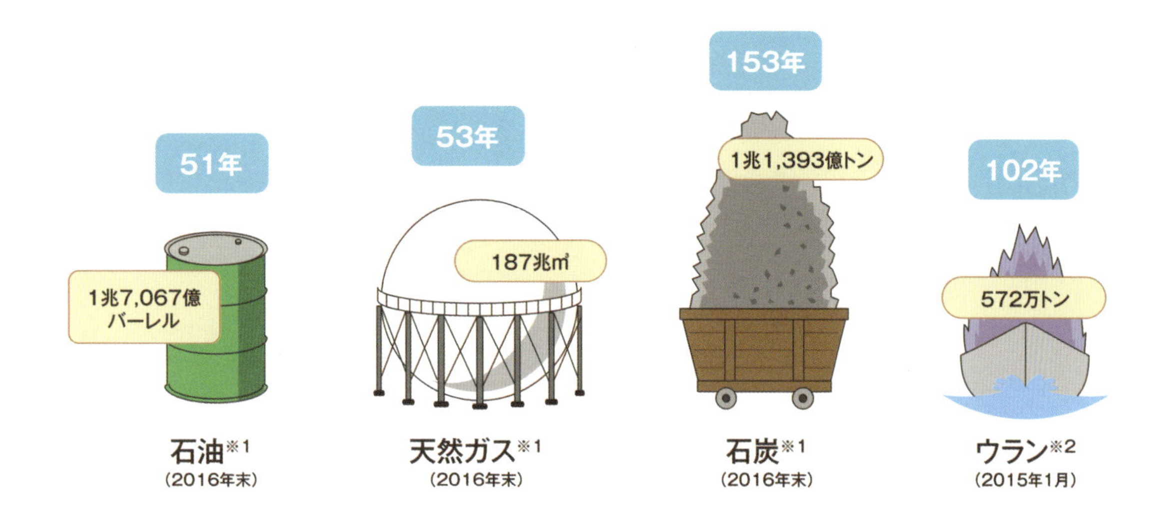

(注) 可採年数=確認可採埋蔵量／年間生産量
ウランの確認可採埋蔵量は費用130ドル／kgU未満

図９：エネルギー資源の確認埋蔵量と可採年数（2015 年の予測）
（日本原子力文化財団（2016）「原子力・エネルギー図面集 2016」より）

考えよう：１つのエネルギー資源に頼った発電（例：石油を用いた火力発電のみ）を行うと、どのようなリスクがあるだろうか。

<回答例>

- そのエネルギー資源が無くなったときに発電ができなくなる。
- 電気料金の変動が大きくなる。
- 火力発電の場合、多量の二酸化炭素を排出してしまう。
- 電力需要の変化に対応できなくなる。（時間により電気が不足する。）

（６）一つのエネルギー資源に頼った発電はリスクが大きい

2016 年現在、日本では、総発電量の約 83%を火力発電が占めています。火力発電で使用する化石燃料には限りがあり、二酸化炭素などを排出するため、環境にも良くありません。

また、日本のエネルギー自給率は約 5%であり、ほとんどのエネルギー資源を海外から輸入しています。そのため、１つのエネルギー資源のみに頼ってしまうと輸入が止まった時に発電ができなくなり、私たちの生活に大きな影響をあたえます。さらに、エネルギー資源の価格が変動した際に、電気料金が大きく変化する可能性があります。このような事態にならないよう、さまざまなエネルギー資源を組み合わせて使うことで、安定して電気エネルギーを得ています。

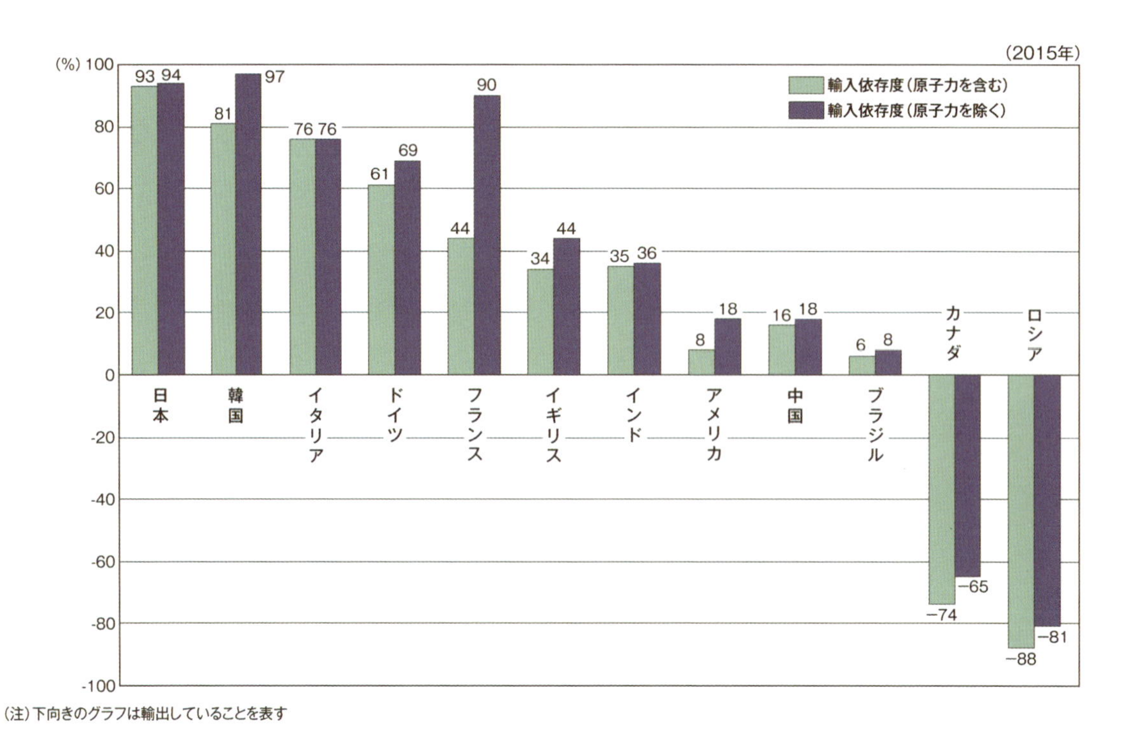

図 10：主要国のエネルギー輸入依存度

（日本原子力文化財団（2016）「原子力・エネルギー図面集 2016」より）

（７） 発電をすることでゴミが出る

普段の生活でゴミが出るように、発電をすることでもゴミが出ます。火力発電では、二酸化炭素や石炭灰などがゴミとして出ます。原子力発電では、「低レベル放射性廃棄物」や「高レベル放射性廃棄物」がゴミとして出ます。

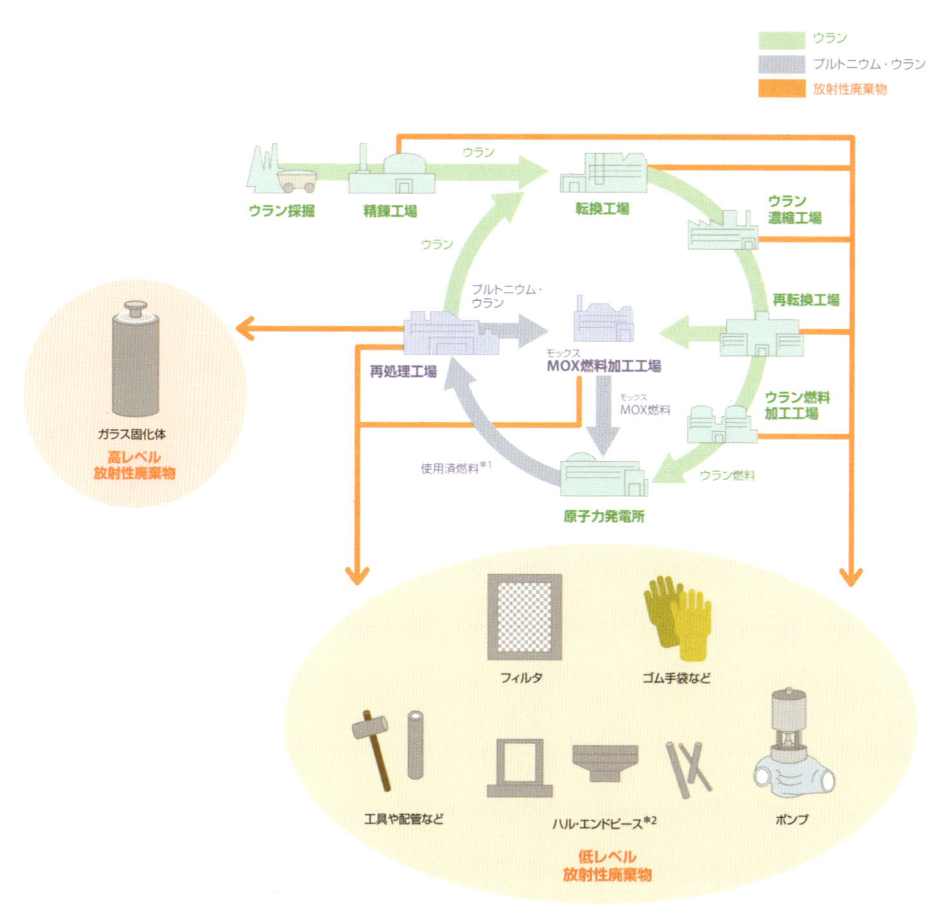

図 11：低レベル放射性廃棄物と高レベル放射性廃棄物
（電気事業連合会（2015）「放射性廃棄物 Q&A」より）

「高レベル放射性廃棄物」の量は他と比べると少ないですが、非常に強い「放射線」を出すため、簡単には処分できません。現在、高レベル放射性廃棄物をどのように処分するかが世界中で問題になっています。高レベル放射性廃棄物について学ぶ前に、まずは「放射線」について学びましょう。

１章　電気エネルギーと放射線

２．放射線について

前回は、電気エネルギーについて学びました。今回は、原子力発電によって生じる「高レベル放射性廃棄物」についてよく知るために、まずは、「放射線」について学びましょう。

（１） 物質について

私たちの身の回りにある全てのものは、その材料に注目するとき、それを物質といいます。物質は、小さな粒子がたくさん集まってできており、この粒子をさらに分けると、それ以上分けることができない小さな粒（原子）が結びついてできていることが分かっています。原子は、原子核と電子に分けられ、原子核は、陽子と中性子に分けられます。陽子の数によって、原子の性質が決まります。

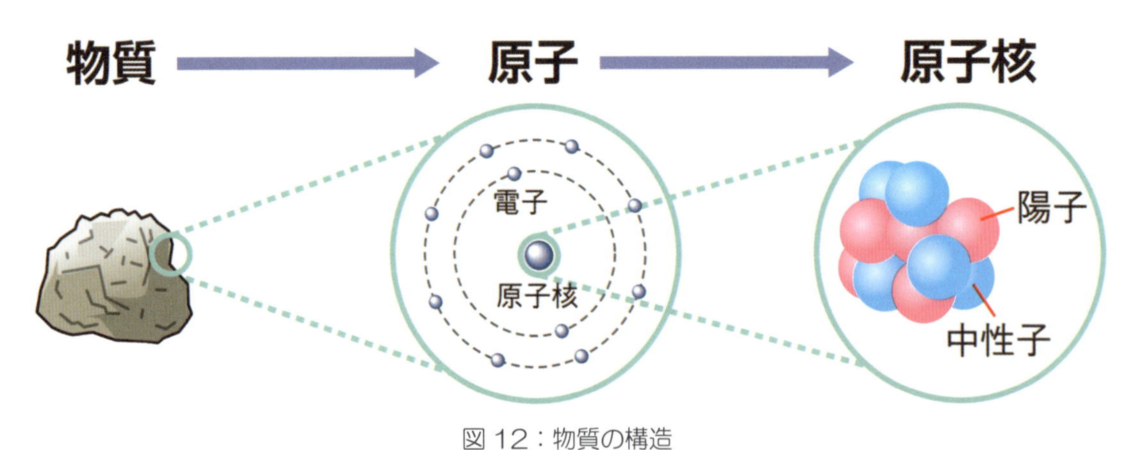

図 12：物質の構造
（文部科学省（2013）「中学生・高校生のための放射線副読本」より）

原子はとても小さく、最も小さな原子である水素原子は、直径が１ｃｍの１億分の１程度しかありません。また、同じ種類の原子でも、原子核の中にある中性子の数が異なるものがあります。これらを、**同位体**といいます。同位体には、**安定な原子核**と**不安定な原子核**があり、不安定な原子核は、時間が経過すると安定な原子核に変わろうとします。

（２） 放射線ってなに？

不安定な原子核が安定な原子核に変わろうとするときに、非常に高いエネルギーをもった高速の粒子や電磁波を出します。これを**放射線**といいます。放射線には、多くの種類があります。

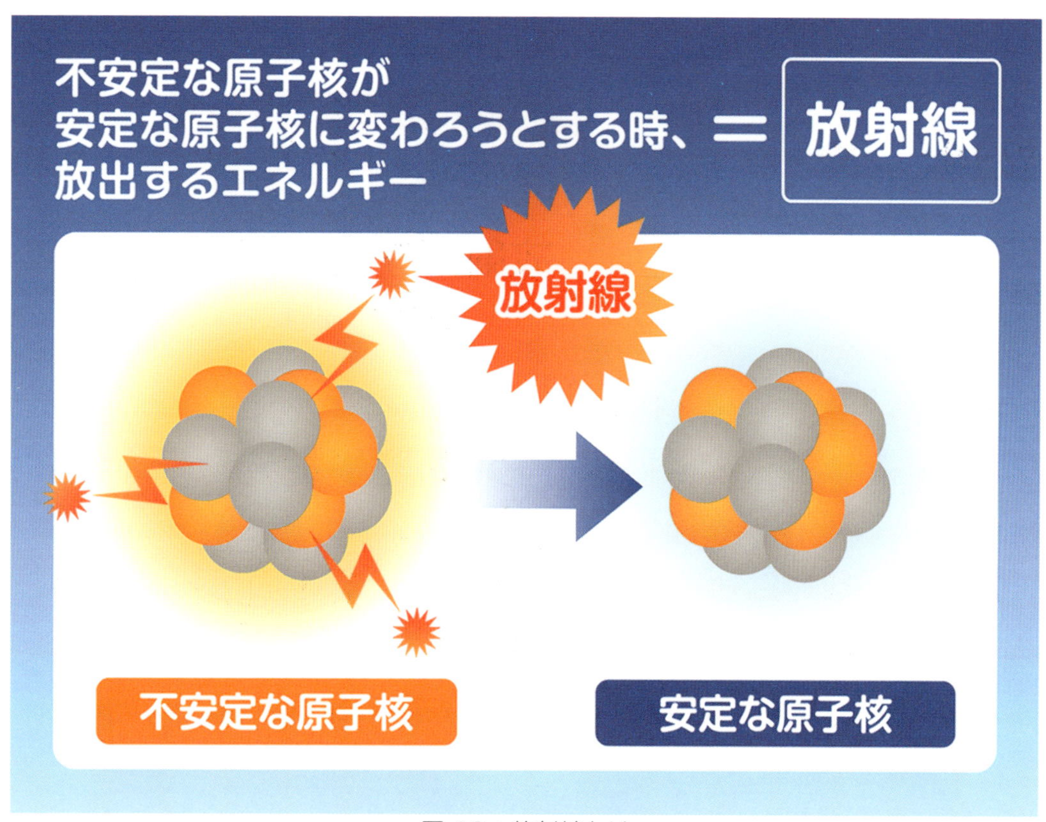

図 13：放射線とは
（中部電力株式会社（2015）「出前授業資料」より）

種類	特性
α線	原子核から出される粒子（ヘリウム原子核）
β線	原子核から出される電子
γ線	原子核から出される電磁波
X線	原子核から出される電磁波
中性子線	原子核から出される中性子

（３） 放射線に関連することば

放射線を出す物質を**放射性物質**といいます。放射性物質から出される、非常に高いエネルギーをもった高速の粒子や電磁波を**放射線**といいます。放射性物質が放射線を出す能力を**放射能**といいます。

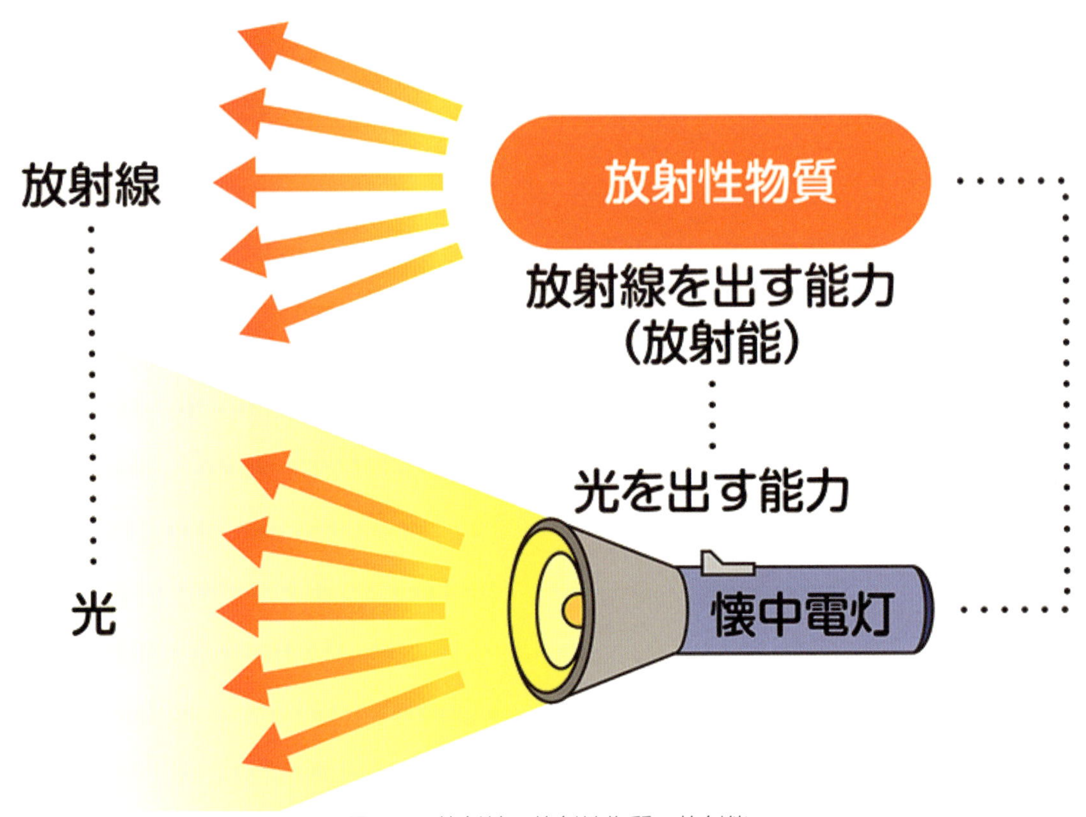

図 14：放射線・放射性物質・放射能
（中部電力株式会社（2015）「出前授業資料」より）

問題 下の図は、放射線に関連することばをホタルやホタルの光に例えて表したものです。（　）の中に当てはまる言葉を書こう。

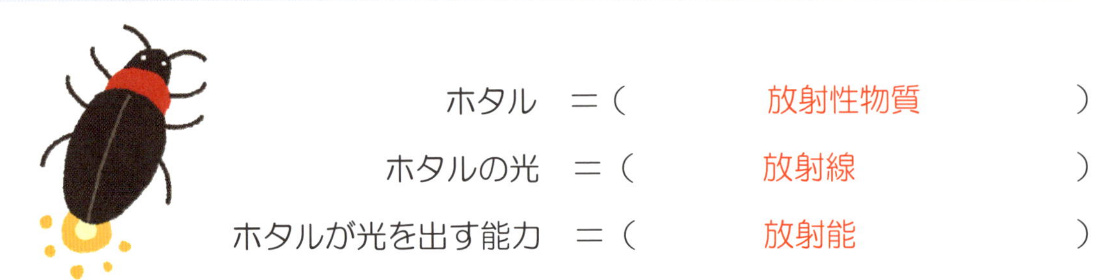

ホタル ＝（ 放射性物質 ）

ホタルの光 ＝（ 放射線 ）

ホタルが光を出す能力 ＝（ 放射能 ）

（４） 放射線の単位

放射線の単位には、放射性物質が放射線を出す能力を表すときに用いるBq（ベクレル）という単位と、放射線が人体に与える影響を表すときに用いるSv（シーベルト）という単位があります。

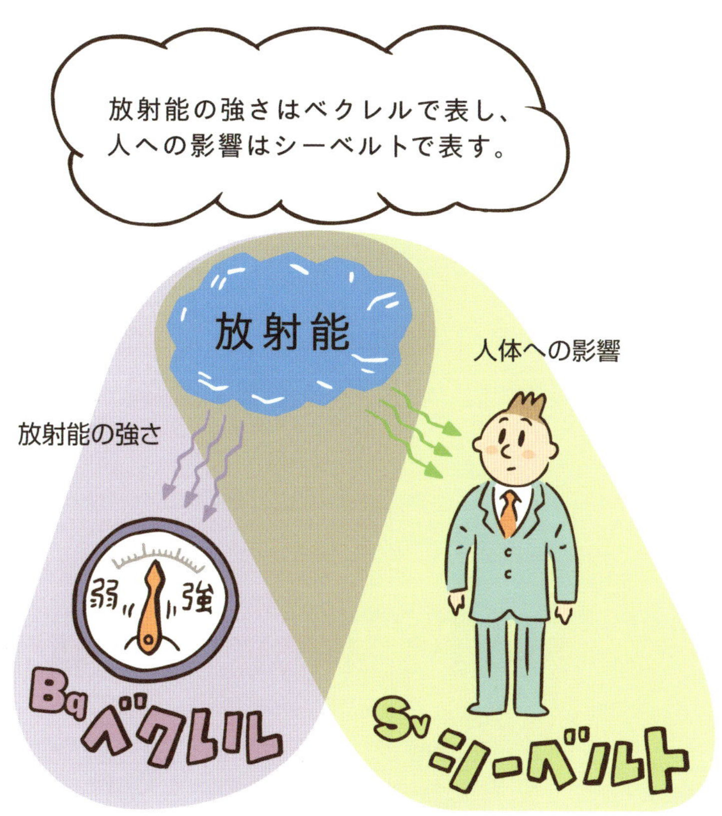

図 15：放射線の単位
（原子力発電環境整備機構（2009）「地層処分　その安全性」より）

問題 下の図は、放射線の単位を雨に例えて表したものです。
（　）の中に当てはまる言葉を書こう。

① 雨の強さ

（　ベクレル　Bq　）

② 雨に濡れたことによる人体への影響

（　シーベルト　Sv　）

（５） 身のまわりにも放射線は存在する

放射線は、私たちの身のまわりに常にあります。毎日、わずかな放射線を受けながら生活しているのです。私たちが受けている放射線は、**自然放射線**（自然界に存在する放射線）と、**人工放射線**（人工的につくられる放射線）に分けることができます。

自然放射線による年間線量（世界平均）約2.4
宇宙線から 0.39
食物から 0.29
呼吸により（主にラドン）1.26
大地から 0.48
単位:ミリシーベルト

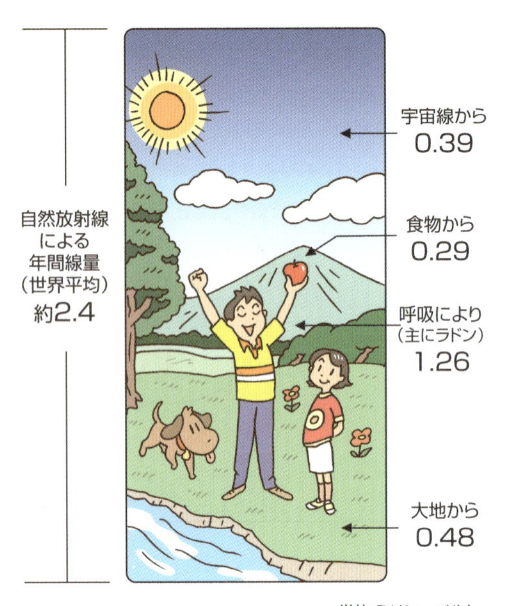

図 16：日常生活と放射線
（原子力発電環境整備機構（2009）「地層処分　その安全性」より）

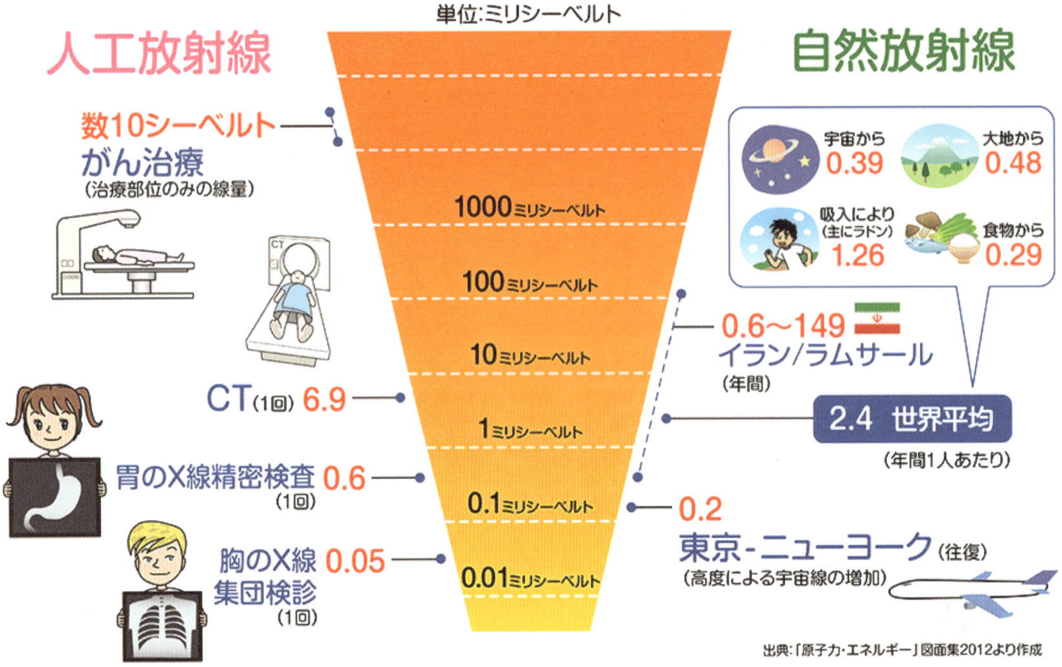

単位:ミリシーベルト
人工放射線
自然放射線
数10シーベルト
がん治療
(治療部位のみの線量)
1000ミリシーベルト
100ミリシーベルト
10ミリシーベルト
1ミリシーベルト
0.1ミリシーベルト
0.01ミリシーベルト
CT(1回) 6.9
胃のX線精密検査 0.6
(1回)
胸のX線集団検診 0.05
(1回)
宇宙から 0.39
大地から 0.48
吸入により (主にラドン) 1.26
食物から 0.29
0.6～149
イラン/ラムサール
(年間)
2.4 世界平均
(年間1人あたり)
0.2
東京-ニューヨーク(往復)
(高度による宇宙線の増加)
出典:「原子力・エネルギー」図面集2012より作成

図 17：自然放射線と人工放射線
（中部電力株式会社（2015）「出前授業資料」より）

（6） 放射線は幅広い分野で有効利用されている

放射線は、さまざまな性質をもっていることから、工業分野、医療分野、農業分野など、幅広い分野で有効利用されています。

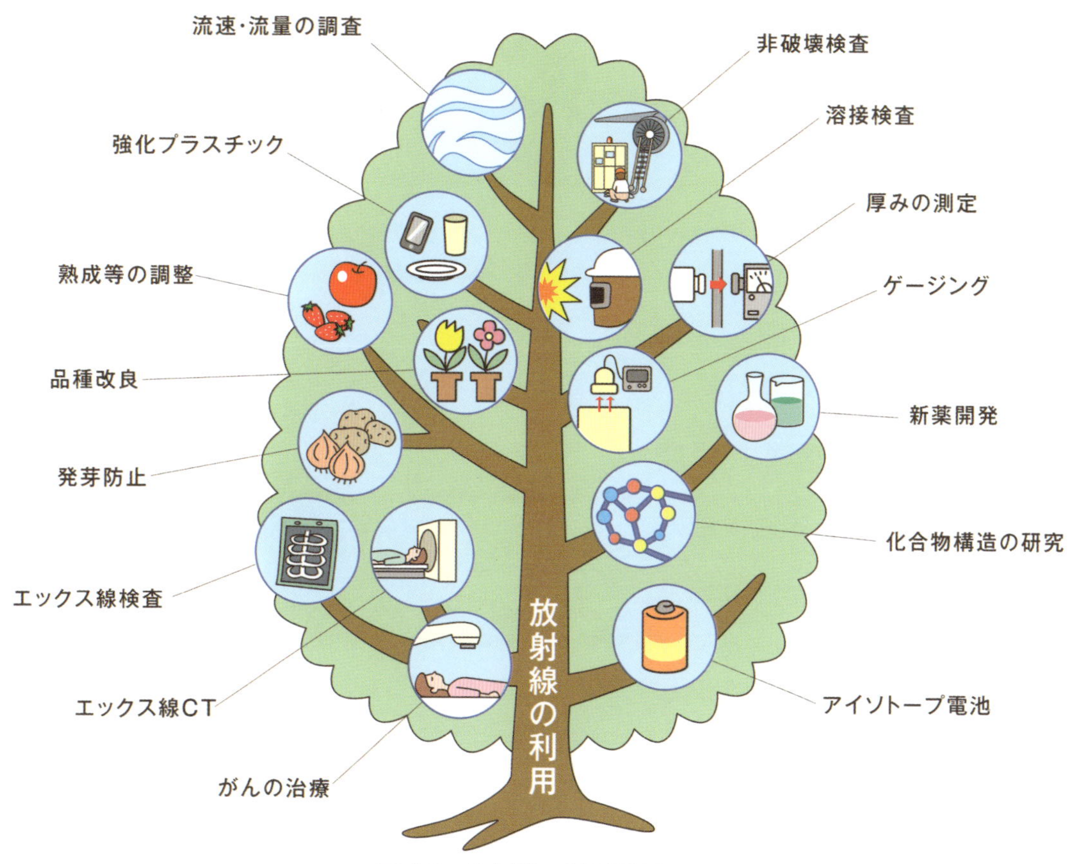

図 18：放射線の利用場面
（日本原子力文化財団（2016）「原子力・エネルギー図面集 2016」より）

放射線は、幅広い分野で有効利用されていますが、放射線を人体が受けることで、人体に影響をおよぼす恐れもあります。このような有用性と危険性の両方をもちあわせた放射線を安全に利用するためには、放射線について、しっかりと理解する必要があります。

（７） 放射線には色々な性質がある

① 放射線は感じられない

放射線が飛んでいても、人間が気づくことはありません。

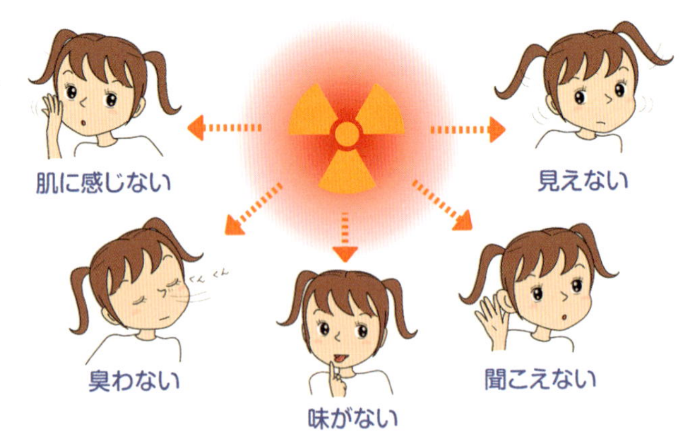

図 19：放射線は感じられない
（中部電力株式会社（2015）「出前授業資料」より）

② 放射線は物質を通りぬける

放射線が物質を通りぬける能力は、放射線の種類によって異なります。水やコンクリートを使えば、放射線を完全に止めることができます。

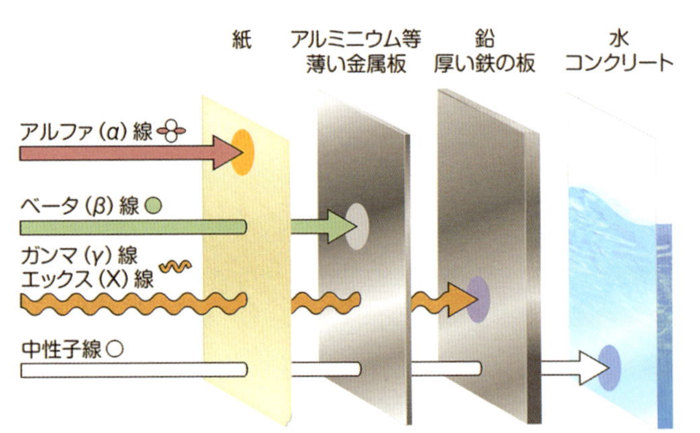

図 20：放射線は物質を通りぬける
（中部電力株式会社（2015）「出前授業資料」より）

問題　α線、β線、γ線・X線、中性子線について、放射線を止めるものには○を、そうでないものには×をつけよう。

	紙	薄い金属板	鉛・厚い鉄の板	水・コンクリート
α線	○	○	○	○
β線	×	○	○	○
γ線・X線	×	×	○	○
中性子線	×	×	×	○

③ 放射線は物質の分子の形や性質を変える

放射線が物質を通りぬけるとき、放射線のエネルギーが電子をはじき出します。電子がはじき出されると、物質の分子の形や性質は変わります。

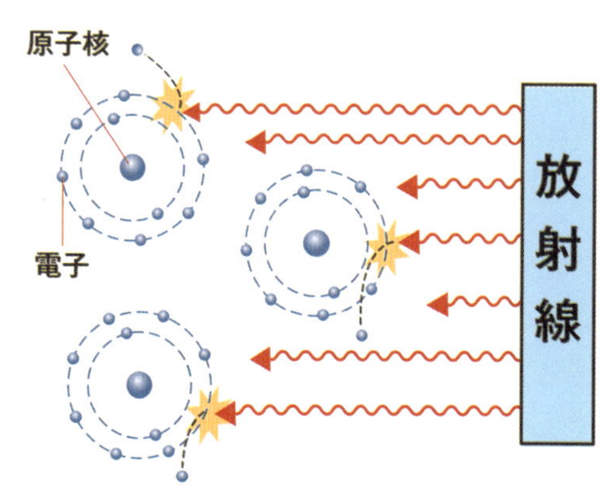

図 21：放射線の電離作用
（日本原子力文化財団（2016）「原子力・エネルギー図面集 2016」より）

④ 放射能の量は時間が経過すると少なくなる

放射性物質は、時間が経過するにつれて、放射線を出しながら安定な物質に変わっていきます。放射能の量の減り方には規則性があり、一定の時間が経過すると、放射能の量は半分になります。この時間を**半減期**といいます。

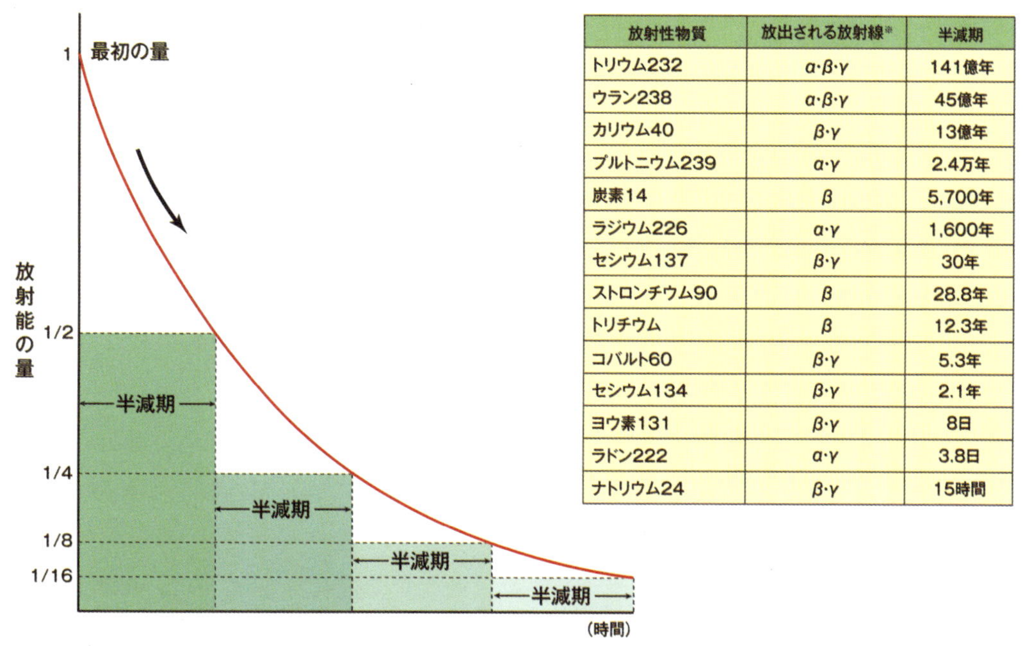

放射性物質	放出される放射線※	半減期
トリウム232	α·β·γ	141億年
ウラン238	α·β·γ	45億年
カリウム40	β·γ	13億年
プルトニウム239	α·γ	2.4万年
炭素14	β	5,700年
ラジウム226	α·γ	1,600年
セシウム137	β·γ	30年
ストロンチウム90	β	28.8年
トリチウム	β	12.3年
コバルト60	β·γ	5.3年
セシウム134	β·γ	2.1年
ヨウ素131	β·γ	8日
ラドン222	α·γ	3.8日
ナトリウム24	β·γ	15時間

※壊変生成物（原子核が放射線を出して別の原子核になったもの）からの放射線も含む

図 22：放射能は時間が経過すると少なくなる
（日本原子力文化財団（2016）「原子力・エネルギー図面集 2016」より）

問題 半減期の異なる２つの放射性物質について、初めの放射能の量を１としたとき、放射能の量が 1/2、1/4、1/8、1/16 に減るのに必要な時間を求めよう。

	1/2	1/4	1/8	1/16
セシウム 137（半減期 30 年）	30 年	60 年	90 年	120 年
計算				
ヨウ素 131（半減期８日）	8 日	16 日	24 日	32 日
計算				

放射線は、さまざまな性質を活かして幅広い分野で有効利用されています。しかし一方では、事故などにより、放射性物質や放射線が漏れることで、人体に影響をおよぼすことがあります。

問題 人間の体は、約 60%が水で構成されています。人間が受け止めやすい放射線を選んで、丸をつけよう。

（８） 人間の体は放射線を受け止めやすい

人間の体は、約 60%が水で構成されています。また、水は放射線を止める働きがあります。つまり人間の体は、放射線を受け止めやすいといえます。

人体が放射線を受けることを**被ばく**といいます。そのうち、体の外にある放射性物質から人体が放射線を受けることを**外部被ばく**といいます。また、呼吸や飲食により体内に取り込んだ放射性物質から、人体が放射線を受けることを、**内部被ばく**といいます。

さらに、放射性物質が皮ふや衣服に付着した状態を**汚染**といいます。

同じ放射線の量であれば、

自然放射線が人体に与える影響 ＝ **人工放射線**が人体に与える影響

内部被ばくによる影響 ＝ **外部被ばく**による影響

被ばく
放射線を受けること

汚染
放射性物質が皮膚や衣服に付着した状態

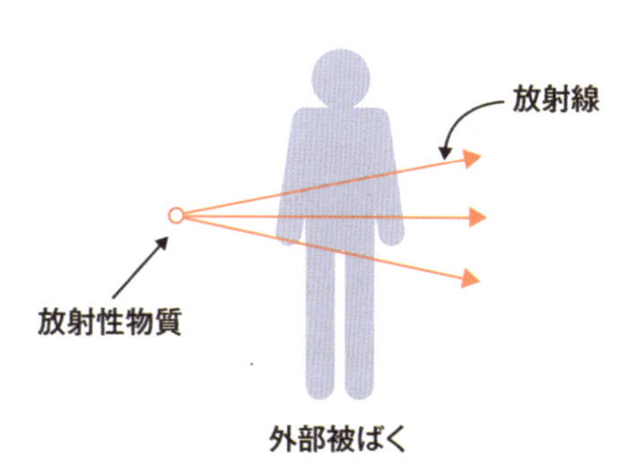

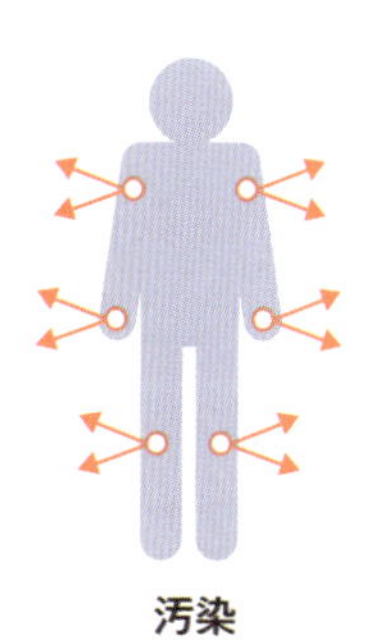

図 23：内部被ばく・外部被ばく・汚染
（日本原子力文化財団（2016）「原子力・エネルギー図面集 2016」より）

（９） 放射線の人体への影響

これまでの研究や調査から、人体が短い時間にたくさんの放射線を受けると、さまざまな影響が出ることが確認されています。

やけどなどの障害	ガン
皮ふが一度にたくさんの放射線を受けると、毛が抜けたり、皮ふにやけどをおうような障害が生じます。	放射線によって傷つけられた DNA が、まちがって修復されて、その細胞が増えたものがガンになります。

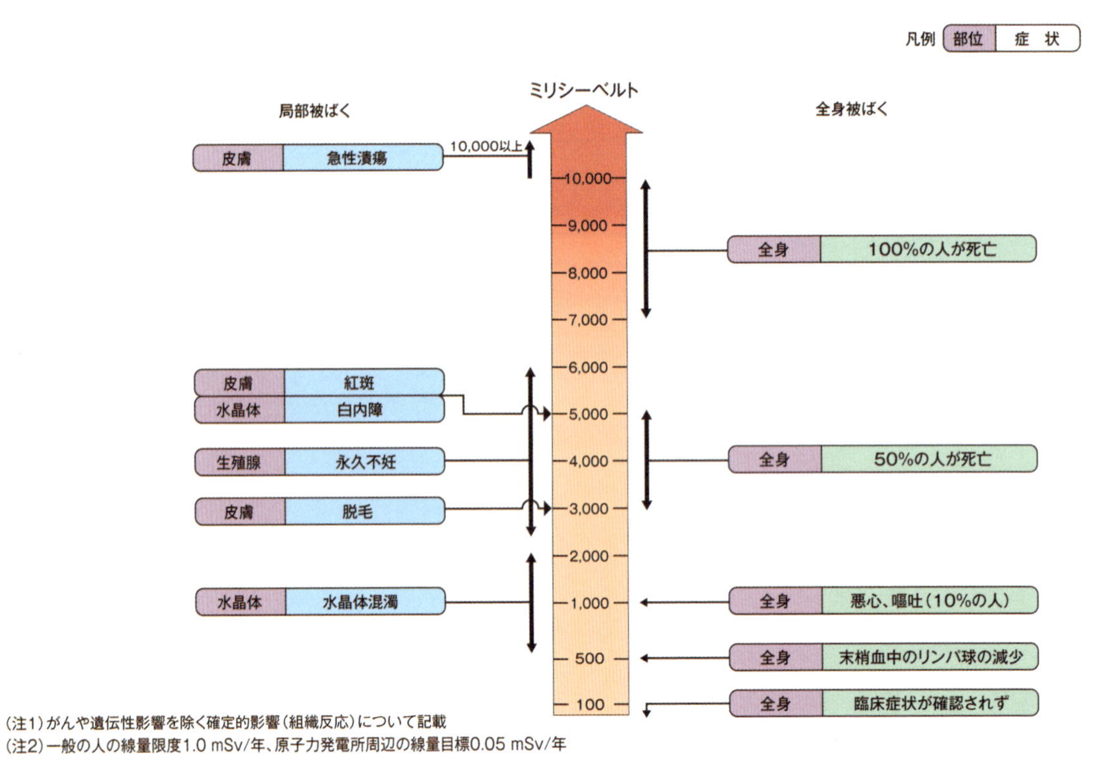

図 24：放射線が人体に与える影響

（日本原子力文化財団（2016）「原子力・エネルギー図面集 2016」より）

（10） 放射線から身を守る

放射線を使う際には、人間が被ばくする可能性をともないます。また、原子力発電所などで事故が起きると、放射性物質や放射線が漏れ出す恐れがあります。そのため、万が一の時に被ばくによる人体への影響を少なくするために、放射線から身を守る必要があります。外部被ばくから身を守るためには、以下の３つの方法をとる必要があります。

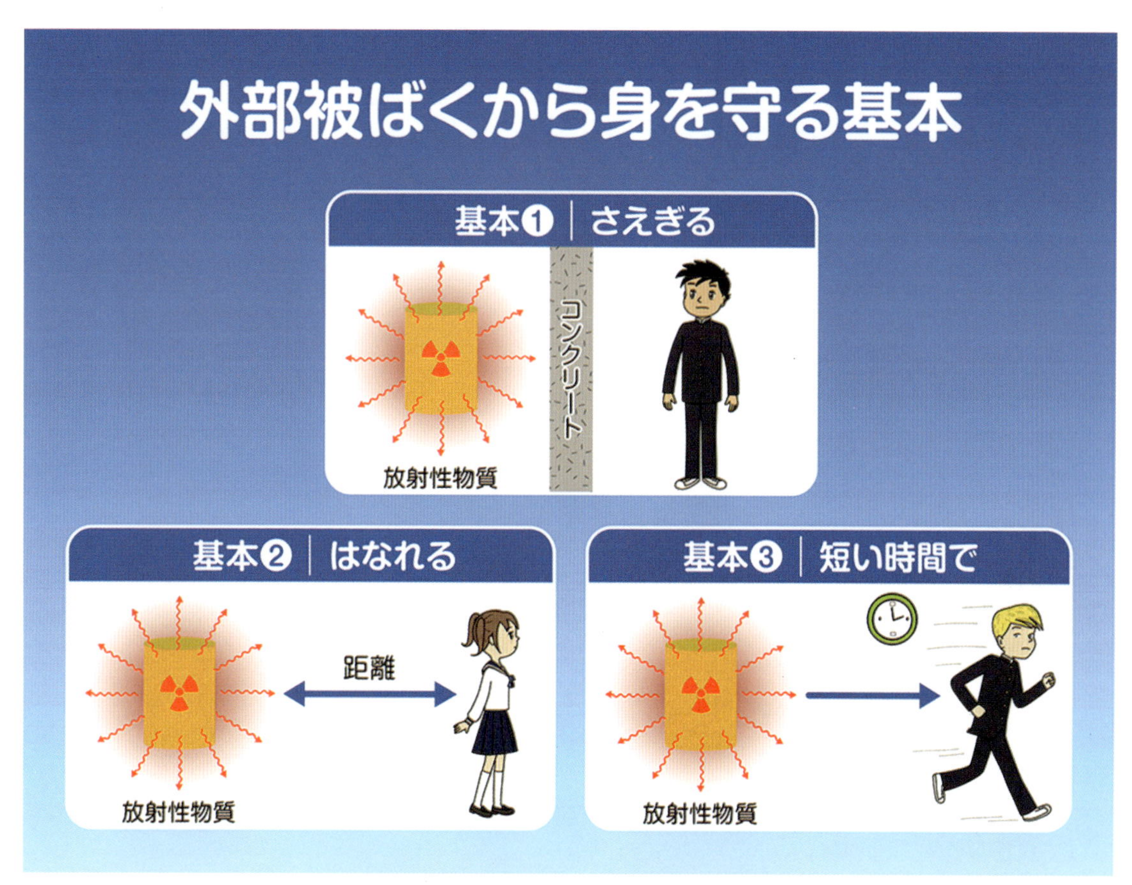

図 25：外部被ばくから身を守る方法
（中部電力株式会社（2015）「出前授業資料」より）

確認問題

1．＿＿＿＿＿に当てはまる言葉を書こう。

（１） 放射線とは、＿不安定な原子核＿が＿安定な原子核＿に変わろうとするときに出す、非常に高いエネルギーをもった＿高速の粒子や電磁波＿のことである。

（２） 私たちは、常にわずかな放射線を受けながら生活している。その放射線には、＿自然放射線＿と＿人工放射線＿の２つがある。

（３） 放射能の強さは＿ベクレル（ Bq ）＿で表し、人への影響は＿シーベルト（ Sv ）＿で表す。

2．放射線がもつ性質を４つ書こう。

- 放射線は感じられない
- 放射線は物質を通りぬける
- 放射線は物質の分子の形や性質を変える
- 放射能の量は時間が経過すると少なくなる

3．外部被ばくから身を守る方法を３つ書こう。

- 放射線をさえぎる
- 放射性物質から離れる
- 放射性物質に近づく時間を短くする

MEMO

2章　原子力発電所から出る“危険なゴミ”

1．高レベル放射性廃棄物について

前回は、「放射線」について学びました。今回は、原子力発電によって生じる「高レベル放射性廃棄物」について学びましょう。

（1）　原子力発電の燃料

原子力発電では、ウラン鉱石（元素記号U）を加工したもの（ペレット）を燃料に使います。ペレットを金属の筒に詰め込み、燃料棒を作ります。この燃料棒をまとめた状態（燃料集合体）で使用します。

図26：ウラン鉱石
（画像提供：日本原燃株式会社）

図27：ペレット
（画像提供：日本原燃株式会社）

国内の原子炉は２種類（PWR・BWR）あり、原子炉によって、燃料集合体の構造が異なる。

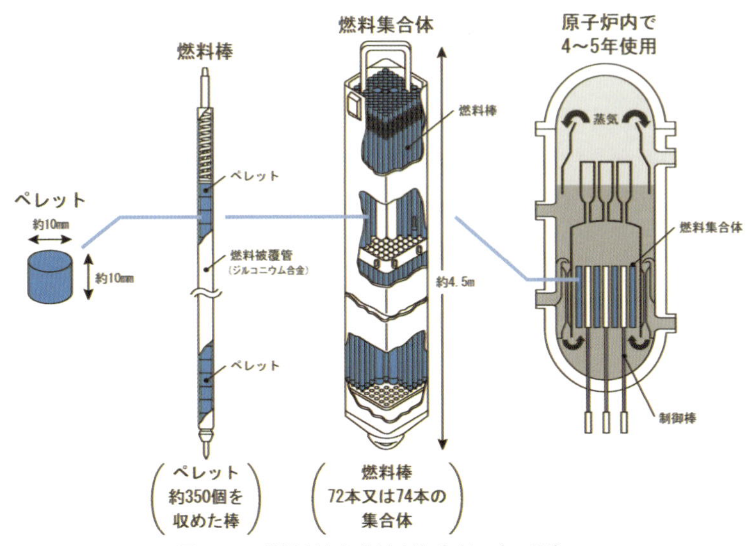

図28：燃料棒と燃料集合体（一例）
（資料提供：中部電力株式会社）

（２） 使用済み燃料の一部は処分が必要である

原子力発電で使用した核燃料（使用済み燃料）は、各発電所で保管されたあと、再処理工場で溶かして分別されます。使用済み燃料には核分裂生成物（約３～5%）が含まれており、処分する必要があります。これを**高レベル廃液**といい、強い放射線を出すため、とても危険です。

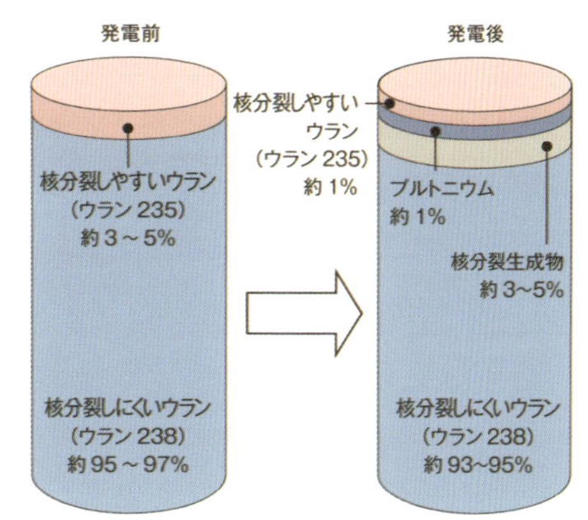

図 29：発電による核燃料の変化
（日本原子力文化財団（2016）「原子力・エネルギー図面集 2016」より）

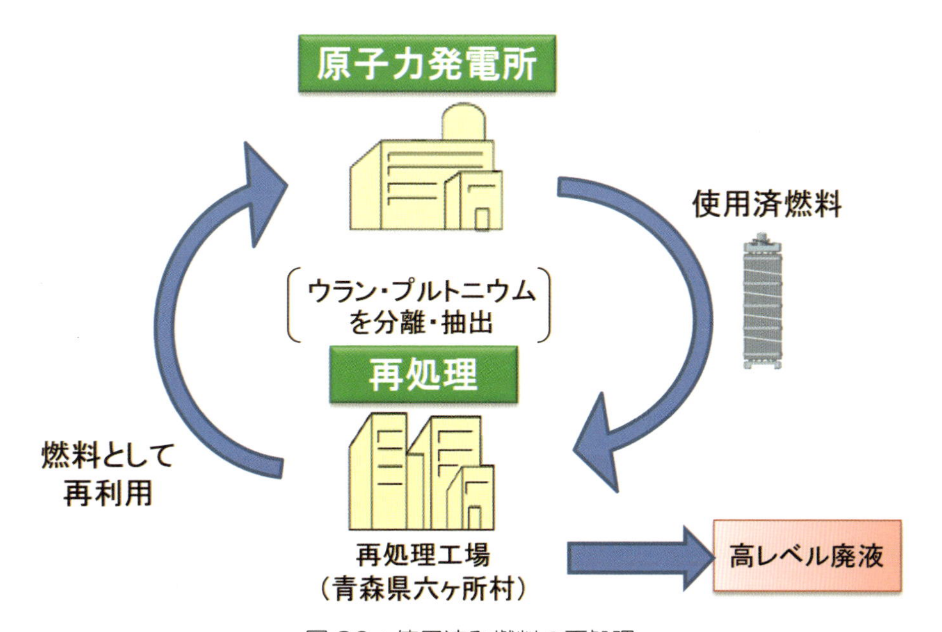

図 30：使用済み燃料の再処理
（経済産業省資源エネルギー庁（2015）「高レベル放射性廃棄物の最終処分に向けた新たな取り組み」より）

考えよう：強い放射線を出すとても危険な液体（高レベル廃液）を、あなたなら、どのように処分しますか。

＜回答例＞　海に流す、コンクリートで固める、容器に入れて管理する、水で薄める、土に埋める、宇宙に捨てる、薬を使って無害化する

（３） 高レベル廃液は“ガラス固化体”にして処分します

日本では、高レベル廃液をガラスと溶かし合わせ、ステンレス製の容器の中で冷やし固めて処分します。これを**ガラス固化体**といいます。

ガラスには、放射性物質をきちんと取り込む性質があり、水に溶けにくいため、長い期間安定した状態を保つことができます。

図 31：ガラスの特性
（原子力発電環境整備機構（2009）「地層処分　その安全性」より）

ガラス固化体が全て溶けきるまでに、約７万年以上かかると考えられている。

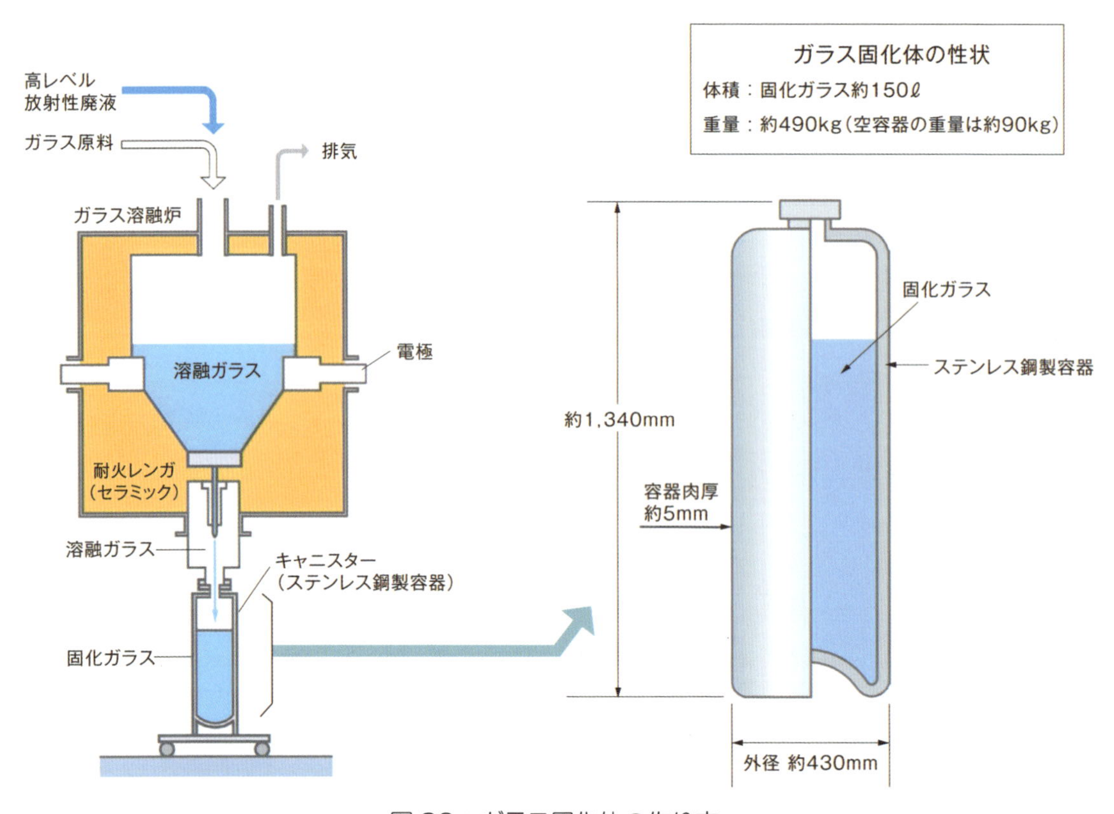

図 32：ガラス固化体の作り方
（日本原子力文化財団（2016）「原子力・エネルギー図面集 2016」より）

（4） ガラス固化体の放射能の量が少なくなるまでには長い時間が必要

ガラス固化体は、時間が経過するにつれて温度が下がり、放射能の量も減ります。しかし、ガラス固化体の放射能の量が原料のウラン鉱石と同程度になるまでには、**数万年**という非常に長い時間がかかります。

ガラス固化体の特性（完成時）	
温度	放射線量
200 ℃以上	約 1,500 Sv/h

（経済産業省資源エネルギー庁（2012）「高レベル放射性廃棄物の地層処分について考えてみませんか」より）

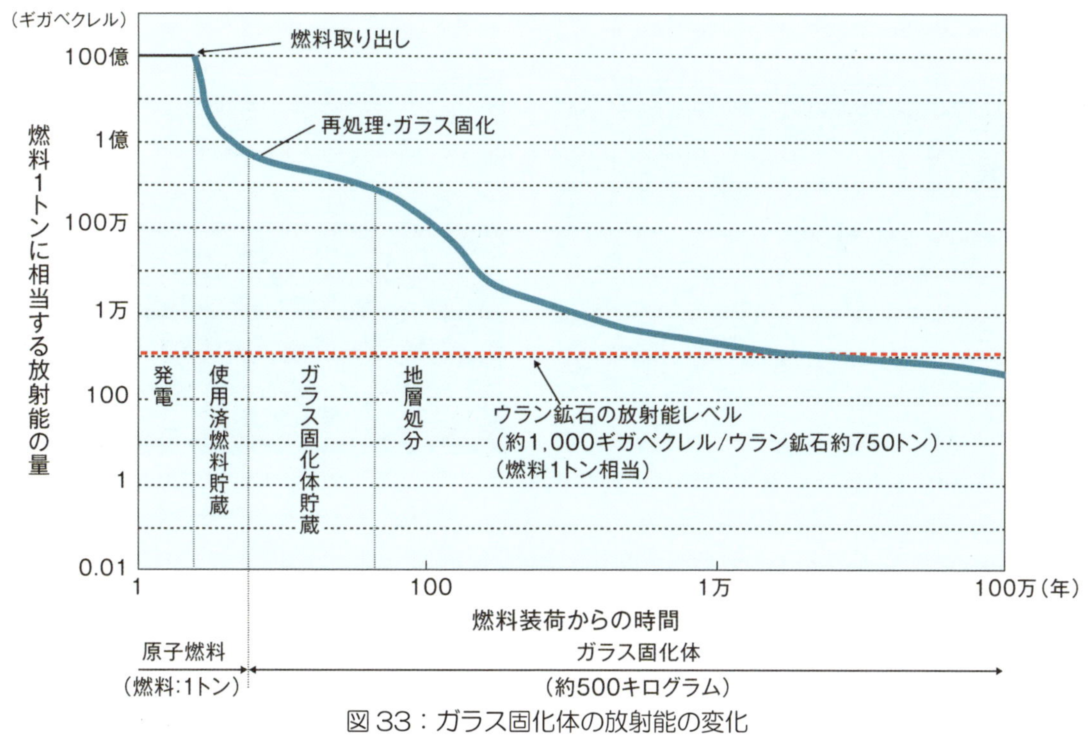

図 33：ガラス固化体の放射能の変化

（日本原子力文化財団（2016）「原子力・エネルギー図面集 2016」より）

自国でウランが採掘できる可能性や、コストなどを踏まえて、各国が方針を決定している。

（5） このゴミを“高レベル放射性廃棄物”といいます

高レベル廃液とガラス固化体を合わせて、**高レベル放射性廃棄物**といいます。海外では、再処理をせずに燃料集合体のまま処分する国もあり、そのような国では、使用済み燃料を高レベル放射性廃棄物と呼んでいます。

（6） 高レベル放射性廃棄物はどのくらいあるの？

2016 年 3 月末の時点で、日本国内には、約 2,300 本のガラス固化体が地上で管理されています。2m のコンクリートによって放射線は遮へいされているため、上に人が立っても人体が放射線を受けることはありません。

また、日本各地の原子力発電所では、約 18,000 トンの使用済み燃料が管理されています。これらの使用済み燃料を再処理すると、すでにあるガラス固化体と合わせて約 25,000 本分になります。これは今までに原子力発電で使用した分であり、今後も原子力発電を行えば、高レベル放射性廃棄物はさらに増えます。

現在、約 40,000 本以上のガラス固化体を処分する処分施設を建設することが考えられている。

図 34：ガラス固化体の貯蔵施設
（画像提供：日本原燃株式会社）

図 35：使用済み燃料の貯蔵施設
（画像提供：日本原燃株式会社）

使用済燃料は水で冷却され、ガラス固化体は空気で冷却されている。

青森県六ヶ所村にあるガラス固化体の貯蔵施設では、2,880 本のガラス固化体しか貯蔵できません。今後、全てのガラス固化体を地上で管理するためには、さらに多くの施設が必要です。また、ガラス固化体が安全になるまでの長い期間、人間が管理し続けなければなりません。

考えよう：現在、高レベル放射性廃棄物は人間の生活環境の中で管理（地上管理）されています。あなたなら、今後も地上管理を続けますか。それとも、地中深くや海底、宇宙など、人間の生活環境の外に処分（隔離処分）しますか。

自分の考えを書こう。

地上管理 ・ 隔離処分
理由 ■補足説明 地上管理を続けるためには、人間による管理・監視が必要である。また、テロや災害が発生した時に、管理が継続できなくなるリスクがある。隔離処分をすると、監視・管理の必要はなくなるが、対策を施さないと、人間や環境などへ悪影響をおよぼすリスクがある。 ◎指導上の留意事項 ・話し合う時間と書き込む時間を分け、生徒によって活動がバラバラにならないようにする。 ・理由は一文で簡潔に書かせるのではなく、たくさん書かせる。

話し合おう（参考になった考えをメモしよう）。

◎指導上の留意事項 ・話し合いの前に、まずは、それぞれの生徒に自分の意思を表明させる。その際、自分が決めた意思の理由を伝えることが重要であることを押さえる。 ・話し合いでは、合意形成を図るのではなく、理由の質を高めあうことを重視する。

話し合いをもとに、改めて自分の考えを書こう。

地上管理 ・ 隔離処分
理由 ◎指導上の留意事項 意思が変わった場合には、なぜ意思が変わったのかを記述させる。 意思が変わらなかった場合には、理由がどのように充実したかを記述させる。

2．高レベル放射性廃棄物の処分方法を考えよう

前回は、「高レベル放射性廃棄物」について学び、地上管理を続けるか、隔離処分するかを考えました。実は、世界の多くの国では、高レベル放射性廃棄物を“**隔離処分**”する方針で進んでいます。世界中で隔離処分の方法が検討された結果、４つの方法が考えられました。

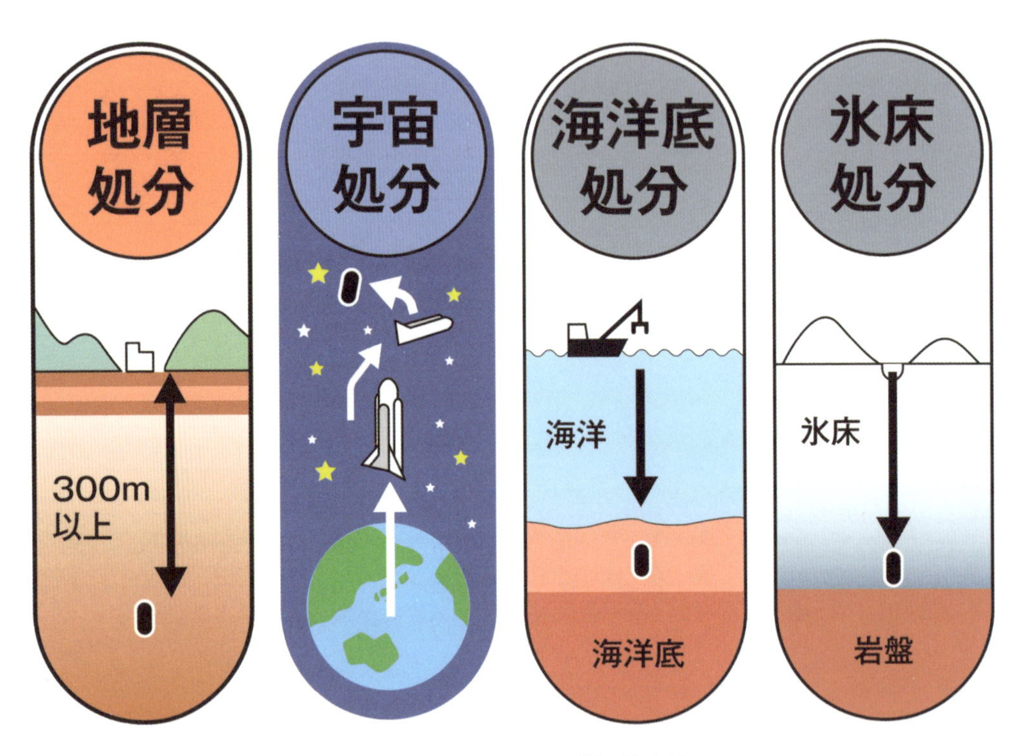

図36：考えられた隔離処分方法
（日本原子力文化財団（2016）「原子力・エネルギー図面集 2016」より作成）

地層処分：地面の深いところに埋める。

宇宙処分：ロケットなどを使って地球の外に飛ばす。

海洋底処分：海底の下に埋める。

氷床処分：南極の氷の下に埋める。

考えよう：それぞれの処分方法のメリットとデメリットは何だろうか。

処分方法	メリット	デメリット
地層処分	・地下深くは、地上に比べて地震の影響が小さい。 ・長期間、安定して保管することができる。 ・酸素が少ないので、腐食しにくい。 ・地上に放射線が到達するリスクが、ほとんどない。 ・将来掘り起こして、更に良い方法で再処理することができる。	・地面の中に生息する微生物などに、悪影響をおよぼす。 ・地震や火山の被害を受ける。 ・隆起によって、一度埋めたガラス固化体が、地表に表れる可能性がある。 ・放射性物質が漏れ出すと、地下水によって広範囲に拡散される。 ・将来の世代が、その土地を掘り起こしてしまうかもしれない。 ・地上の面積には限りがある。 ・土地の所有者の許可が必要である。
宇宙処分	・４つの方法の中で、最も人間の生活環境から離れた位置に処分できる。 ・人間は、２度と関わらなくて済む。 ・地球に放射線が届く可能性は低い。 ・空間がたくさんある。 ・他の方法と比べて、地震や津波などの自然災害の影響を受けるリスクがない。	・莫大な費用がかかる。 ・一度にたくさんのガラス固化体を運ぶことができないので、時間がかかる。 ・ロケットの打ち上げが失敗したときの被害が大きい。 ・宇宙に危険なごみが増えることになり、今後、宇宙に人間が行けなくなる可能性がある。 ・他の惑星や人工衛星に衝突する可能性がある。
海洋底処分	・周囲が水なので、放射線を遮蔽することができる。 ・放射線は水に遮蔽されるため、地上に放射線が出る心配がほとんどない。 ・陸地と比べると、処分できる面積がとても広い。	・放射性物質が漏れ出すと、海水によって広範囲に拡散される。 ・海の生態系に悪影響をおよぼす可能性がある。 ・汚染された生物を人間が食べることで、内部被ばくする恐れがある。 ・領海以外の場所に埋める場合には、国際的な承認が必要。 ・問題が起きた時に、すぐに対応できない。
氷床処分	・近くに人がほとんどいないため、即座に人的被害が出ることはない。 ・定住している人がいないので、比較的合意は得やすい。 ・温度が低いので、ガラス固化体を冷却することができる。	・南極に住む生物の生態系に悪影響をおよぼす。 ・南極まで運ばなければならない。 ・温暖化により南極の氷が溶けると、ガラス固化体が出てくる可能性がある。 ・放射性物質が漏れ出すと、海水によって広範囲に拡散される。 ・問題が起きたときに、すぐに対応できない。

考えよう：あなたならどの処分方法を採用しますか。

地層処分 ・ 宇宙処分 ・ 海洋底処分 ・ 氷床処分
理由 ■補足説明 海洋底処分：海上から海底に向けてガラス固化体を投棄する方法が検討された。 氷床処分：ガラス固化体を地表に置くと、ガラス固化体の熱で氷が溶け、ガラス固化体が氷の中に沈んでいく。溶けた水は再び凍って元の氷の状態になる。 ・影響（人間・生態系、環境）、将来の安全性、処分地選定（生活環境との距離、処分可能な面積、制約、特性）処分作業（容易さ、確実性、コスト）などをもとに意思を決定させる。

話し合おう（参考になった考えをメモしよう）。

考えよう：話し合いをもとに、改めて自分の考えを書こう。

地層処分　・　宇宙処分　・　海洋底処分　・　氷床処分
理由

考えよう：他にもっといい方法はないだろうか。自由に考えよう。

<回答例>

- 地球以外の惑星に埋める。
- 地球以外の惑星に施設を作り、そこで保管する。
- 宇宙エレベーターを用いて宇宙に処分する。
- 高レベル放射性廃棄物を無害化する薬品を開発する。
- 高レベル放射性廃棄物を有効活用する方法を開発する。

3章　高レベル放射性廃棄物を処分するために

1．地層処分について

前回は、高レベル放射性廃棄物の処分方法を考えました。実は、日本は、“**地層処分**”を採用することを2000年に決定しています。世界の多くの国も、日本と同じように地層処分を行う方針です。

（1）どうして地層処分なの？

地層処分が選ばれたのは、長い期間人間が管理し続ける必要がなく、将来まで安全性を確保することができるからです。人間の生活環境や地上の自然環境と“**隔離**”することができ、長い期間安定して“**閉じ込める**”ことができます。

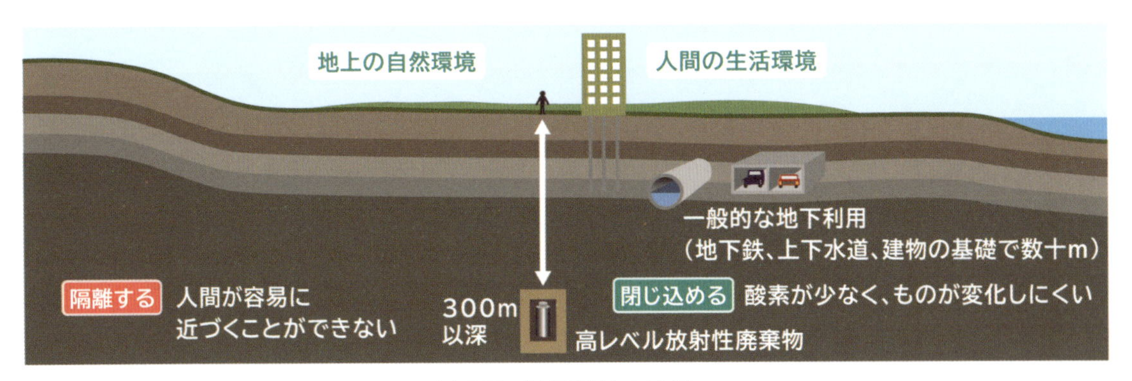

図37：地層処分の特徴

（原子力発電環境整備機構（2017）「知ってほしい、地層処分」より）

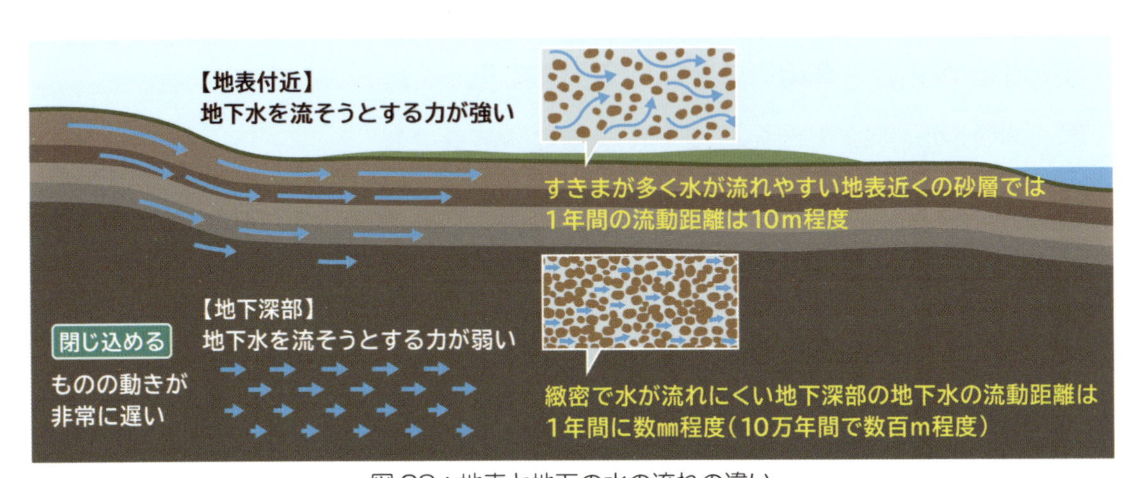

図38：地表と地下の水の流れの違い

（原子力発電環境整備機構（2017）「知ってほしい、地層処分」より）

地層処分以外の方法が採用されていない理由
宇宙処分…打ち上げ技術の安全性に問題がある。（成功率約 90%） 海洋底処分…放射性物質が海水に漏れ出したときの影響が大きい。 ロンドン条約によって禁止されている。 氷床処分…氷床の特性解明が不十分である。 南極条約によって禁止されている。

ロンドン条約：海洋汚染を防止する条約　　南極条約：南極の環境と生態系を保護する条約

考えよう：あなたは、高レベル放射性廃棄物を地層処分することに賛成ですか。反対ですか。今の考えを５段階で評価して、その理由を書こう。

（あとで同じ質問をします）

（賛成）　1　・　2　・　3　・　4　・　5　（反対）
理由

MEMO

（2） ガラス固化体をそのまま地中に埋めるの？

ガラス固化体は、完成時の温度が 200℃以上あり、表面の放射線量が約1,500Sv/h であるため、すぐに地層処分することはできません。そのため、地上の施設で 30～50 年間管理し、ガラス固化体の温度と放射線量がある程度下がってから地層処分することにしています。しかし、30～50 年という長い時間が経過しても、ガラス固化体はまだまだ危険です。

考えよう：ガラス固化体をそのまま埋めると、どのような危険性が考えられるだろうか。また、安全に処分するためにはどのような工夫が必要だろうか。

考えられる危険性	安全に処分するために必要な工夫
放射性物質が外に漏れ出し、地下水が汚染される。	吸水性の物質でガラス固化体の周りを囲む。
周囲の地温が高くなる。	ガラス固化体の温度が下がるまで、地上で保管する。
ガラス固化体のステンレス容器が錆びる。	酸素が少ない場所を選ぶ。
活断層によって、地下の処分施設が破壊される。	活断層から離れた位置に処分する。
マグマが流れこむことで、ガラス固化体が溶ける。	火山から離れた位置に処分する。

ガラス固化体をそのまま埋めると、放射線が周囲に漏れたり、放射性物質が漏れ出して地下水によって広範囲に広がる恐れがあります。そこで、ガラス固化体を３つのバリア（金属製の容器（オーバーパック）、緩衝材（粘土）、地下深くの岩盤）でしっかりと守ります。この方法を**多重バリアシステム**といいます。

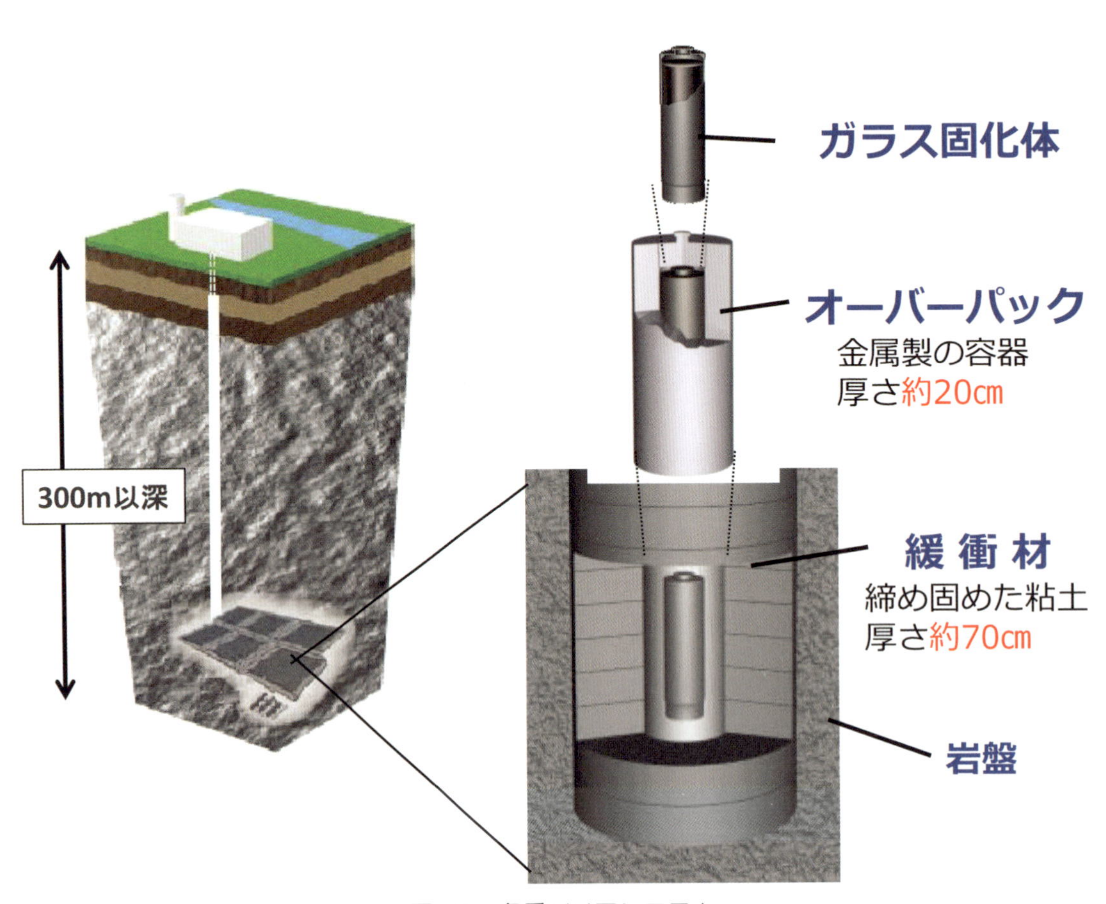

図 39：多重バリアシステム
（原子力発電環境整備機構（2015）「『今改めて考えよう地層処分』地層処分事業の概要」より）

金属製の容器（オーバーパック）

ガラス固化体を、金属製の容器の中に入れます。これにより、ガラス固化体の放射能が急激に下がる少なくとも1000年間、ガラス固化体に地下水が接触することを防ぐことができます。

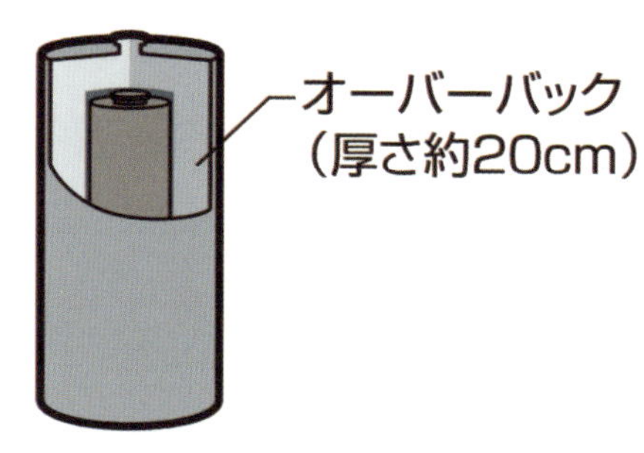

図40：金属製の容器（オーバーパック）
（原子力発電環境整備機構（2009）「地層処分　その安全性」より）

緩衝材（粘土）

金属製の容器の周りを、ベントナイトという粘土で囲みます。ベントナイトには水を非常に通しにくい性質があるため、容器が腐食することを防ぎ、万が一、ガラス固化体から放射性物質が漏れ出しても、地下水によって広範囲に広がることを防ぐことができます。

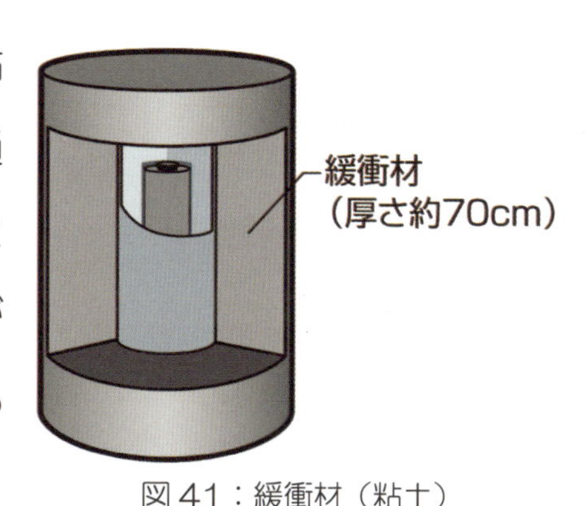

図41：緩衝材（粘土）
（原子力発電環境整備機構（2009）「地層処分　その安全性」より）

地下深くの岩盤

2つの人工バリアを施したガラス固化体を、地下300mより深くの安定した岩盤に埋めます。地下水の動きは非常に遅く、岩盤には、放射性物質を吸着する能力があるので、放射性物質が漏れ出したとしても、広範囲に広がることを防ぐことができます。また、地下深くは酸素がとても少ないため、金属が腐食しにくく、長期間元の状態を保つことができます。

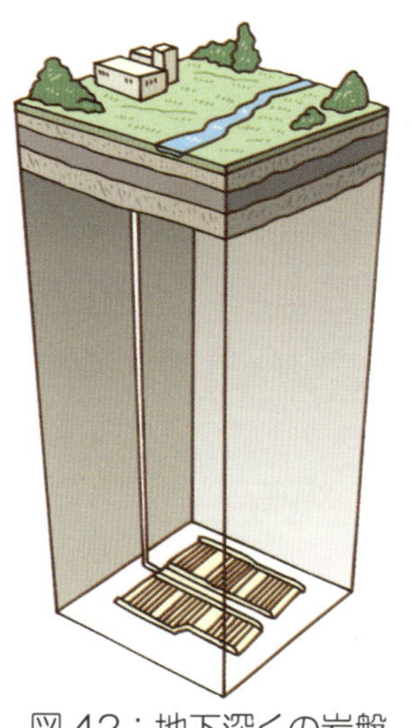

図42：地下深くの岩盤
（原子力発電環境整備機構（2009）「地層処分　その安全性」より）

（3） 地層処分の施設はどんなところ？

現在、約 40,000 本以上のガラス固化体を処分できる施設を建設することが考えられています。ガラス固化体を受け入れ、ガラス固化体に人工バリアを施す地上施設（1～2 km^2）と、ガラス固化体を定置するために必要な地下施設（6～10 km^2）で構成されます。処分が完了したあとは、地下施設は埋め戻し、地上施設は解体する計画です。

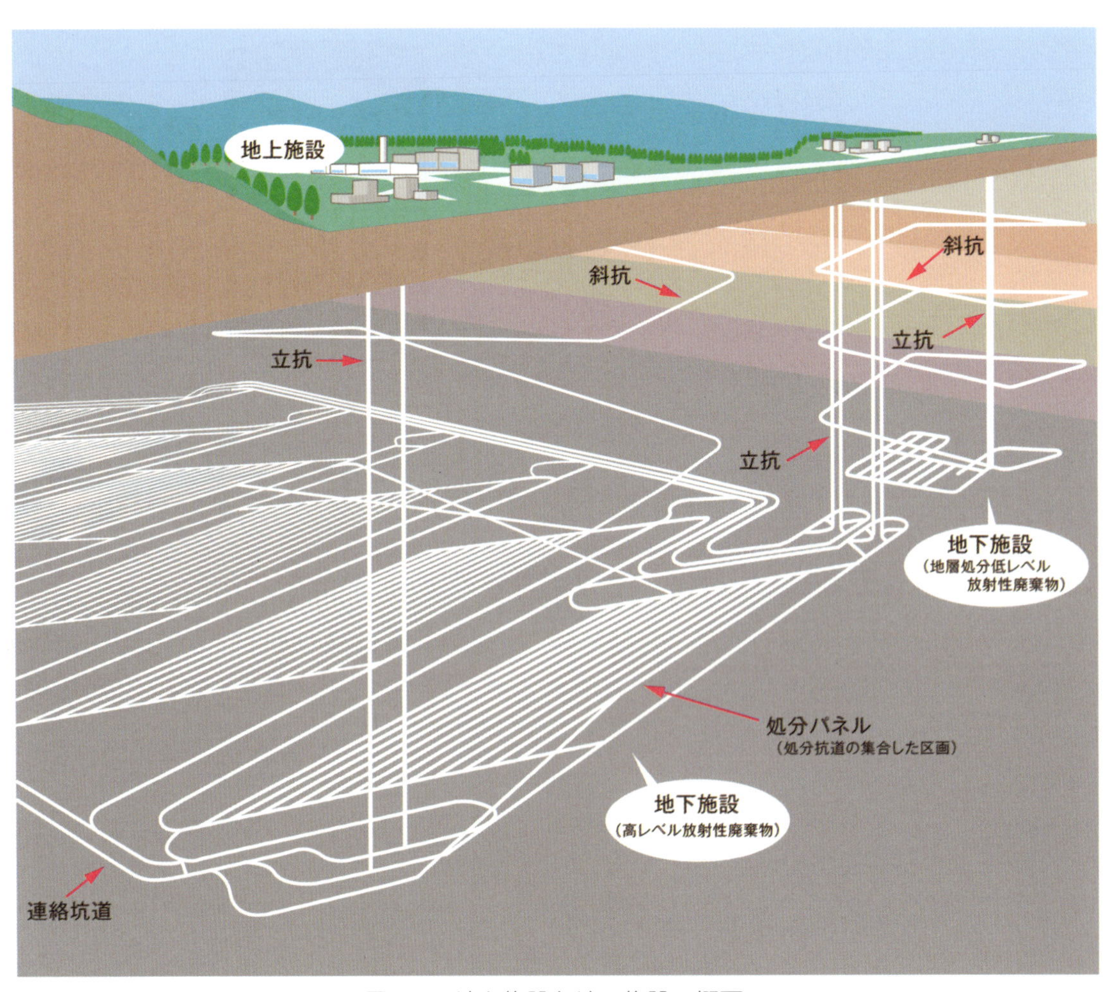

図 43：地上施設と地下施設の概要
（日本原子力文化財団（2016）「原子力・エネルギー図面集 2016」より）

地上施設における工程（イメージ）

1. 地上施設への輸送

専用の輸送容器（キャスク）、専用道路での輸送。

2. ガラス固化体の受入れ・検査・一時仮置き

放射線量やガラス固化体の状態を確認した後、受入れます。

3. ガラス固化体のオーバーパックへの封入・溶接（遠隔操作技術を使用）

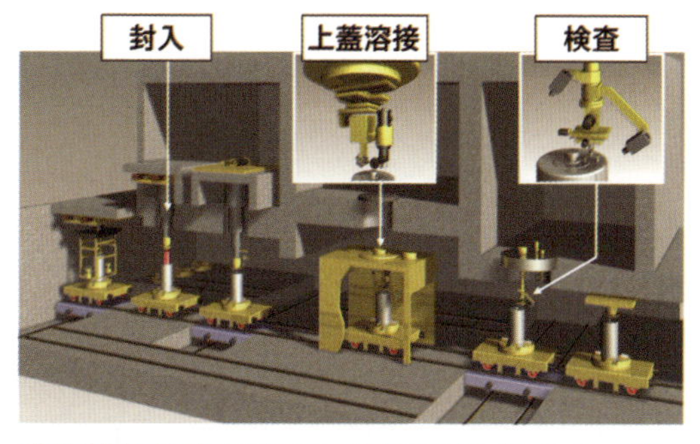

遠隔操作技術を用いてガラス固化体をオーバーパックへ封入し、上蓋を溶接します。

4. 搬送車両への積込み

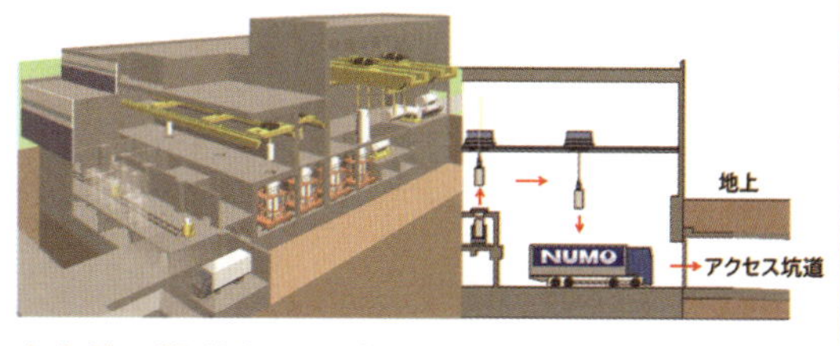

廃棄体を搬送車両に積込みます。

地下施設における工程（イメージ）

5. アクセス坑道での搬送

6. 処分坑道での定置

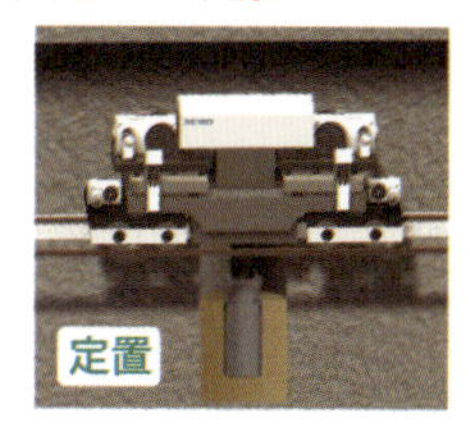

7. 処分坑道の埋め戻し

図 44：ガラス固化体を地層処分するまでの工程
（原子力発電環境整備機構（2017）「知ってほしい、地層処分」より）

（4） 処分地はどうやって決めるの？

日本では、約 20 年間かけて 3 段階の調査（文献調査、概要調査、精密調査）を行い、その結果を踏まえて処分地を決定します。調査開始から処分完了（施設閉鎖）までには、約 100 年以上かかると予想されています。

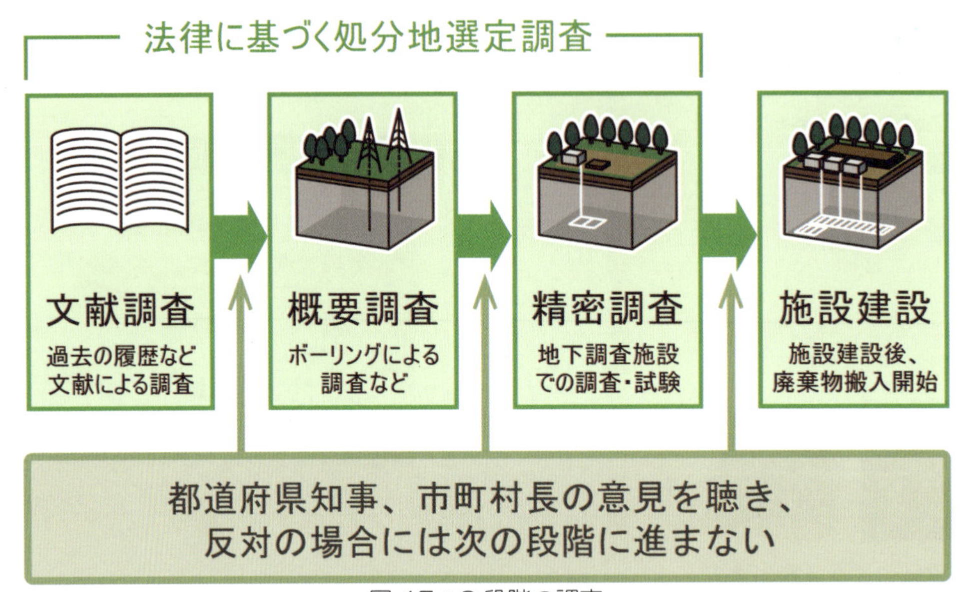

図 45：3 段階の調査
（資料提供：原子力発電環境整備機構）

現在、岐阜県の瑞浪市と北海道の幌延町に研究施設を作り、高レベル放射性廃棄物を地層処分するためのさまざまな研究をしています。

岐阜県瑞浪市と北海道幌延町の 2 つの研究施設は、処分地にしないことが取り決められている。

図 46：東濃地科学センター瑞浪超深地層研究所
（資料提供：国立研究開発法人日本原子力研究開発機構）

図 47：地下 500m にある研究坑道
（資料提供：国立研究開発法人日本原子力研究開発機構）

（５） 処分地はもう決まっているの？

日本では、2002 年から、処分地を決めるための調査を受け入れる自治体を公募しています。2007 年に高知県東洋町から応募がありましたが、その後応募は取り下げられました。その他の自治体からの応募は１件もありません。公募開始から約１５年経った現在でも、処分地を決めるための調査は１度も行われていないのが現状です。

海外では、フィンランドとスウェーデンですでに処分地が決定しています。その他の国は、日本と同様に処分地が決定していません。

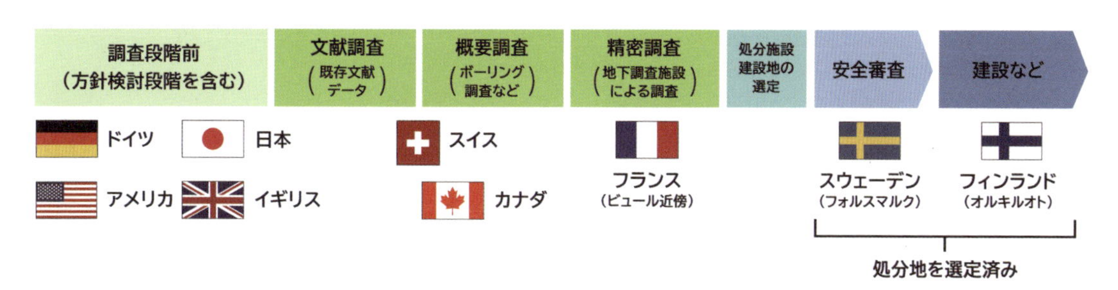

図 48：諸外国の進捗状況
（資料提供：原子力発電環境整備機構）

考えよう：あなたは、高レベル放射性廃棄物を地層処分することに賛成ですか。反対ですか。もう一度、今の考えを５段階で評価して、その理由を書こう。
（あとで同じ質問をします）

（賛成）　１　・　２　・　３　・　４　・　５　（反対）
理由

３章　高レベル放射性廃棄物を処分するために

２．処分地を決めるときに重視する要因を考えよう

前回は、高レベル放射性廃棄物の「地層処分」について学びました。今回は、高レベル放射性廃棄物を地層処分する場所（処分地）を決めるときに、重視する要因を考えましょう。

（１） はじめに

日本は、約 40,000 本以上のガラス固化体を、地下 300mより深くの岩盤に地層処分する方針です。2002 年から、国の機関である「原子力発電環境整備機構（NUMO)」が、処分地を決めるための調査を受け入れる自治体を公募しています。しかし、約 15 年経った現在でも調査を受け入れる自治体は 1 つもなく、調査は進んでいません。

考えよう：高レベル放射性廃棄物の処分地を決めることについて、あなたはどのように考えますか。今の自分の考えに近いものを選んで、その理由を書こう。
（あとで同じ質問をします）

ア　決められる大人になりたい	イ　国がしっかりと決めなければならない
ウ　決められないのは仕方がない	エ　私たち自身が考えていかなければならない

理由

■補足説明
ウ→イ→ア→エの順に、より自分ごとになるよう選択肢を設定している。

考えよう：高レベル放射性廃棄物の処分地を決めるときに、あなたなら、どのようなことを考えますか。

<回答例>

- 岩盤の固さ、岩盤の種類、地温
- 地下水の流量、地下水の pH、地下水の温度
- 隆起量および侵食量
- 火山の有無
- 地震（活断層）の有無
- 災害（土砂崩れや洪水など）の発生履歴
- 鉱物資源の有無
- 人口
- 土地利用（保護区であるかどうか）
- 地価、所有権をもつ人数
- 自治体および地域住民の意向
- 関連施設（原子力発電所など）の立地状況
- 費用
- 土地面積

■補足説明：下記の要因は、国が示している要因もとに、中学生が考えやすいよう、教材独自の要因を作成したものである。実際には、さらに詳細な要因について考えられている。

（２） 処分地を決めるときに考えなくてはならない要因

社会的な要因

土地利用

多くの人が土地の所有権をもっている場所を処分地とする場合には、その人達の許可が必要です。また、その土地に価値があるもの（重要文化財など）がある場合もあります。

人口密度

処分地の周辺の人口密度が高いほど、事故が起きたときの人的な被害が大きくなります。

鉱物資源

処分地の近くに鉱物資源があると、人間が鉱物資源の調査や採掘をするために、地下施設の近くへ行ってしまう可能性があります。

図 49：鉱物資源の影響
（資料提供：原子力発電環境整備機構）

港からの距離

再処理施設から処分地の近くの港までは船で運びますが、その後は陸地を運びます。港からの距離が遠くなるほど、輸送中に被ばくするリスクが高くなります。

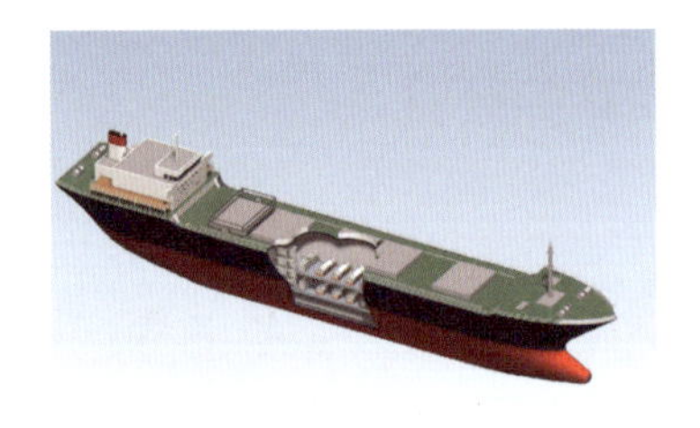

図 50：ガラス固化体の輸送船
（資料提供：原子力発電環境整備機構）

港からの輸送方法

港から処分地までガラス固化体を輸送する方法は、車両と鉄道の２つがあります。一度に輸送する量が少ないほど、ガラス固化体を輸送する回数が多くなり、途中の道路に留まる時間も長くなります。そのため、被ばくするリスクが高くなります。一方で、一度に輸送する量が多いほど、事故が起きたときに被ばくするリスクが高くなります。

図 51：ガラス固化体の輸送車両
（資料提供：原子力発電環境整備機構）

輸送方法	ガラス固化体を一度に運搬できる量	輸送中の被ばくリスク	その他
車両	４本	最も高い	道路の補強が必要。
鉄道	28 本	中程度	勾配の制限があり、輸送できる範囲が限られる。

（総合資源エネルギー調査会「科学的有望地の要件・基準に関する地層処分技術 WG における中間整理」より作成）

科学的な要因

地震（活断層）

地下施設の近くに活断層があると、地下施設を破壊する可能性があります。また、岩盤に亀裂が入ることで、地下水の量が増えたり、地下水の流れが速くなる可能性があります。

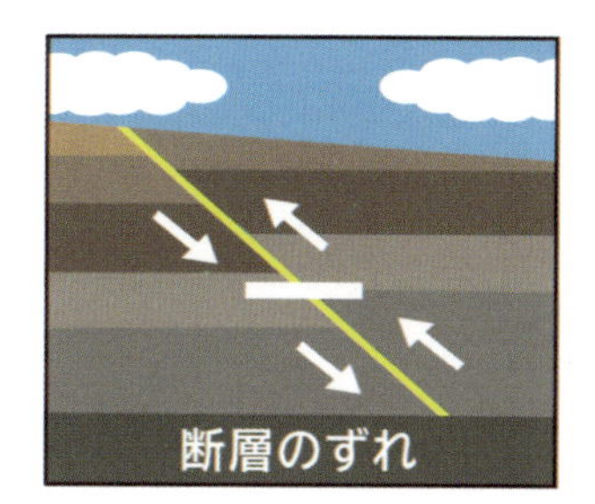

図 52：活断層の影響

（資料提供：原子力発電環境整備機構）

火山

地下施設の近くに火山があると、地下施設にマグマが流れこみ、ガラス固化体を溶かす可能性があります。また、マグマの熱によって、ガラス固化体の周りの地温や水温が上昇する可能性があります。

図 53：火山の影響

（資料提供：原子力発電環境整備機構）

地下水の流量

地下水がたくさん流れている場所では、万が一、放射性物質が漏れ出した時に、放射性物質が広範囲に広がってしまう可能性があります。

岩盤の固さ

岩盤がやわらかい場所は、岩盤の強度が小さく、地下施設の建設に影響する可能性があります。また、操業中に地下施設の維持・管理が困難になる可能性があります。

隆起・侵食

隆起が生じている地域では、隆起した地表面が、雨や風によって侵食されます。隆起が著しい地域では、侵食も著しくなる可能性があり、一度埋めた高レベル放射性廃棄物が、地表近くまで接近してしまう可能性があります。

■補足説明

・活断層については、断層の長さの 1/100 程度の範囲を避けることになっている。

・火山については、火山の中心から半径 15km 程度の範囲を避けることになっている。

高レベル放射性廃棄物の処分地を決めるためには、これだけの要因を考えなくてはなりません。次のページでは、処分地を決めるときにどの要因を重視するか考えましょう。

◎指導上の留意事項：科学的な要因と社会的な要因を順位づけさせた上で、どこまでは譲れない要因であるかを線引きさせるのもよい。

科学的な要因
地震（活断層）、火山、隆起・侵食、岩盤の固さ、地下水の流量

考えよう：5つの科学的な要因を、あなたが重要だと考える順に並べよう。

	要因	理由
1		
2		
3		
4		
5		

話し合おう（参考になった考えをメモしよう）。

考えよう：話し合いをもとに、5つの科学的な要因を、あなたが重要だと考える順にもう一度並べよう。

	要因	理由
1		
2		
3		
4		
5		

社会的な要因
鉱物資源、人口密度、土地利用、港からの距離、港からの輸送方法

考えよう：5つの社会的な要因を、あなたが重要だと考える順に並べよう。

	要因	理由
1		
2		
3		
4		
5		

話し合おう（参考になった考えをメモしよう）。

考えよう：話し合いをもとに、5つの社会的な要因を、あなたが重要だと考える順にもう一度並べよう。

	要因	理由
1		
2		
3		
4		
5		

３章　高レベル放射性廃棄物を処分するために

３．処分地を決定しよう

前回は、処分地を決めるときに重視する要因を考えました。今回は、仮想の候補地の中で、どこを高レベル放射性廃棄物の処分地にするかを考えましょう。

日本国内全てを対象として調査を行った結果、７つの場所が候補地に選ばれました。あなたなら、どこを高レベル放射性廃棄物の処分地にしますか。

■補足説明：各候補地の難点を、＿＿＿で示している。

	候補地						
	A	B	C	D	E	F	G
科学的な要因							
地震（活断層）	ある	ない	ない	ない	ない	ない	ない
火山	ない	ない	ない	ない	ある	ない	ない
隆起・侵食	少ない	少ない	少ない	多い	少ない	多い	少ない
岩盤の固さ	固い	軟らかい	軟らかい	軟らかい	固い	固い	固い
地下水の流量	少ない	少ない	多い	少ない	少ない	少ない	多い
社会的な要因							
鉱物資源	ある	ない	ない	ある	ない	ある	ある
人口密度	低い	高い	低い	低い	低い	高い	高い
土地利用	農村地域	住宅地	森林	漁村地域	国立公園	市街地	工業地帯
港からの距離	近い	遠い	遠い	近い	遠い	近い	近い
港からの輸送方法	車両	車両	車両	鉄道	鉄道	車両	鉄道

考えよう：科学的な要因についての情報から、７つの候補地を順位づけよう。

1位	2位	3位	4位	5位	6位	7位

考えよう：社会的な要因についての情報から、７つの候補地を順位づけよう。

1位	2位	3位	4位	5位	6位	7位

考えよう：科学的な要因と社会的な要因の両方から、処分地を決めよう。

A ・ B ・ C ・ D ・ E ・ F ・ G

決め手となった要因（1つに○をつけよう）

地震（活断層）　火山　隆起・侵食　岩盤の固さ　地下水の流量

鉱物資源　人口密度　土地利用　港からの距離　港からの輸送方法

理由

■補足説明

- A～Gの７つの候補地は、具体的な地域を想定していない。これは、地名を示すことで個々がその地域についてもっている知識や印象が意思決定に影響し、生徒によって意思決定の要因が異なってしまうためである。
- 科学的な要因をもとに順位づけをした場合と、社会的な要因をもとに順位づけをした場合では、同じ順位でも重要度が異なる場合がある。単純に、両方の順位を合計して意思決定させるのではなく、あくまでも、両方の順位づけを参考にしながら、処分地を意思決定させたい。

話し合おう（参考になった考えをメモしよう）。

考えよう：話し合いをもとに、改めて処分地を決めよう。

A ・ B ・ C ・ D ・ E ・ F ・ G
決め手となった要因（1 つに〇をつけよう） 地震（活断層）　火山　隆起・侵食　岩盤の固さ　地下水の流量 鉱物資源　人口密度　土地利用　港からの距離　港からの輸送方法
理由

考えよう：あなたが決めた候補地の近くに、あなたは住みますか。

（あなたが住む家は、処分地から安全な距離だけ離れた場所にあるとします）

住む　・　住まない　・　判断できない
理由 ■補足説明 ・客観的に判断させる段階である。ここでは、まだ完全な自分ごとにはならない。 ◎指導上の留意事項 ・意思決定の後に、全体共有が必要。なぜその意思決定をしたのかを共有することが重要。 ・「最適だとあなたが選んだにもかかわらず、住むのは嫌」という意思について考えさせたい。

考えよう：あなたが決めた候補地が、あなたが住んでいる地域だとしたら、あなたは処分施設を建設することを受け入れますか。

（あなたの家は、処分地から安全な距離だけ離れた場所にあるとします）

受け入れる　・　受け入れない　・　判断できない
理由 ■補足説明 ・上の質問と比較して、より自分ごとに近づけている。 ◎指導上の留意事項 ・意思決定の後に、全体共有が必要。なぜその意思決定をしたのかを共有することが重要。 ・「最適だとあなたが選んだにもかかわらず、受け入れたくはないない」という意思について、生徒に考えさせたい。

4章　私たちの未来

1．私たちのこれからを考えよう

前回は、仮想の候補地の中で、どこを高レベル放射性廃棄物の処分地にするかを考えました。今回は、これまでの学習を振り返り、私たちがこれからこの問題とどのように関わっていくかを考えましょう。

（1）　処分地を決めることについて

考えよう：高レベル放射性廃棄物の処分地を決めることについて、あなたはどのように考えますか。これまでの学習をもとに、今の自分の考えに近いものを選んで、その理由を書こう。

ア　決められる大人になりたい	イ　国がしっかりと決めなければならない
ウ　決められないのは仕方がない	エ　私たち自身が考えていかなければならない
理由	

考えよう：上の質問と同じ質問を４９ページでもしました。それぞれの場面での自分の考えを読み比べてみて、自分の考えがどのように変わったのか（変わらなかったのか）を整理して、その理由を書こう。

P.49 ア・イ・ウ・エ	P.59 ア・イ・ウ・エ
理由	

（２） 地層処分の賛成・反対について

考えよう：あなたは、高レベル放射性廃棄物を地層処分することに賛成ですか。反対ですか。これまでの学習をもとに、今の考えを５段階で評価して、その理由を書こう。

（賛成） １ ・ ２ ・ ３ ・ ４ ・ ５ （反対）
理由

考えよう：上の質問と同じ質問を４０ページと４８ページでもしました。それぞれの場面での自分の考えを読み比べてみて、自分の考えがどのように変わったのか（変わらなかったのか）を整理して、その理由を書こう。

P.40	（賛成） １ ・ ２ ・ ３ ・ ４ ・ ５ （反対）
P.48	（賛成） １ ・ ２ ・ ３ ・ ４ ・ ５ （反対）
P.60	（賛成） １ ・ ２ ・ ３ ・ ４ ・ ５ （反対）
理由	

（3） これからの私たちの生活

高レベル放射性廃棄物の処分が完了するのは、約 100 年以上先と予想されています。これからの日本を担うみなさんが大人になった時、きっと、さまざまな場面でこの問題について考え、みんなで話し合い、自分の意思を決定することになるでしょう。

考えよう：高レベル放射性廃棄物の処分問題を学んで、あなたは、この問題とこれからどのように向き合っていきますか。

考えよう：そのために、あなたが今できることはどんなことがありますか。

MEMO

（4） おわりに

これまで学習してきたように、高レベル放射性廃棄物の処分問題は、解決までに長い年月がかかります。現時点では、国が、地層処分に関係する各地域の科学的な特性を整理した「科学的特性マップ」を2017年7月に公表しています。

高レベル放射性廃棄物の処分問題は、日本の全国民が関係します。次の世代の人たちに迷惑をかけないためにも、私たちの世代で解決の道筋を示すことができるように、これからもしっかりと考えていくことが大切です。

～もっと知りたい人は調べてみよう～

発電について

- 電気事業連合会：http://www.fepc.or.jp/
- 経済産業省資源エネルギー庁：http://www.enecho.meti.go.jp/

放射線について

- 文部科学省（中学生・高校生のための放射線副読本）
  http://www.mext.go.jp/b_menu/shuppan/sonota/attach/1344729.htm

高レベル放射性廃棄物について

- 日本原燃株式会社：http://www.jnfl.co.jp/ja/

地層処分について

- 原子力発電環境整備機構（NUMO）：http://www.numo.or.jp/

地層処分のための研究施設について

- 国立研究開発法人日本原子力研究開発機構：https://www.jaea.go.jp/
- 東濃地科学センター：https://www.jaea.go.jp/04/tono/
- 幌延深地層研究センター：https://www.jaea.go.jp/04/horonobe/

（2018年1月現在）

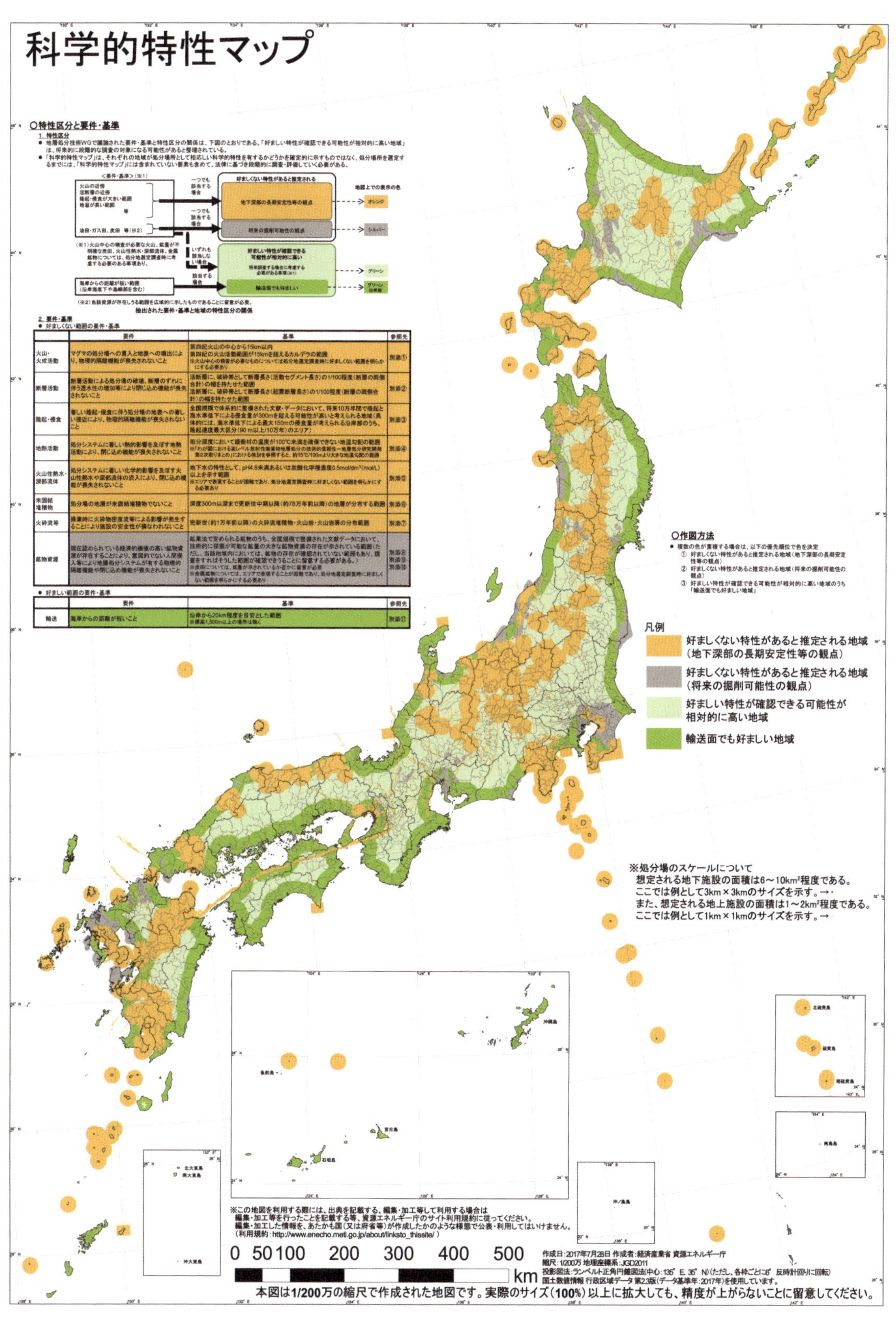

	要件	基準	参照先
火山・火成活動	マグマの処分場への貫入と地表への噴出により、物理的隔離機能が喪失されないこと	第四紀火山の中心から15km以内 第四紀の火山活動範囲が15kmを超えるカルデラの範囲 ※火山中心の精査が必要なものについては処分地選定調査時に好ましくない範囲を明らかにする必要あり	別添①
断層活動	断層活動による処分場の破壊、断層のずれに伴う透水性の増加等により閉じ込め機能が喪失されないこと	活断層に、破砕帯として断層長さ（活動セグメント長さ）の1/100程度（断層の両側合計）の幅を持たせた範囲 活断層に、破砕帯として断層長さ（起震断層長さ）の1/100程度（断層の両側合計）の幅を持たせた範囲	別添②
隆起・侵食	著しい隆起・侵食に伴う処分場の地表への著しい接近により、物理的隔離機能が喪失されないこと	全国規模で体系的に整備された文献・データにおいて、将来10万年間で隆起と海水準低下による侵食量が300mを超える可能性が高いと考えられる地域（具体的には、海水準低下による最大150mの侵食量が考えられる沿岸部のうち、隆起速度最大区分（90m以上/10万年）のエリア）	別添③
地熱活動	処分システムに著しい熱的影響を及ぼす地熱活動により、閉じ込め機能が喪失されないこと	処分深度において緩衝材の温度が100℃未満を確保できない地温勾配の範囲 ※「わが国における高レベル放射性廃棄物地層処分の技術的信頼性―地層処分研究開発第2次取りまとめ」における検討を参照すると、約15℃/100mより大きな地温勾配の範囲	別添④
火山性熱水・深部流体	処分システムに著しい化学的影響を及ぼす火山性熱水や深部流体の流入により、閉じ込め機能が喪失されないこと	地下水の特性として、pH 4.8未満あるいは炭酸化学種濃度0.5mol/dm³(mol/L)以上を示す範囲 ※エリアで表現することが困難であり、処分地選定調査時に好ましくない範囲を明らかにする必要あり	別添⑤
未固結堆積物	処分場の地層が未固結堆積物でないこと	深度300m以深まで更新世中期以降（約78万年前以降）の地層が分布する範囲	別添⑥
火砕流等	操業時に火砕物密度流等による影響が発生することにより施設の安全性が損なわれないこと	完新世（約1万年前以降）の火砕流堆積物・火山岩・火山岩屑の分布範囲	別添⑦
鉱物資源	現在認められている経済的価値の高い鉱物資源が存在することにより、意図的でない人間侵入等により地層処分システムが有する物理的隔離機能や閉じ込め機能が喪失されないこと	鉱業法で定められる鉱物のうち、全国規模で整備された文献データにおいて、技術的に採掘が可能な鉱量の大きな鉱物資源の存在が示されている範囲（ただし、当該地域内においては、鉱物の存在が確認されていない範囲もあり、調査をすればそうした範囲が確認できうることに留意する必要がある。） ※炭田については、鉱量が示されているか否かに留意が必要 ※金属鉱物については、エリアで表現することが困難であり、処分地選定調査時に好ましくない範囲を明らかにする必要あり	別添⑧ 別添⑨ 別添⑩

	要件	基準	参照先
輸送	海岸からの距離が短いこと	沿岸から20km程度を目安とした範囲 ※標高1,500m以上の場所は除く	別添⑪

図 54：科学的特性マップ
（経済産業省資源エネルギー庁ホームページより）

編著者

平賀　伸夫

三重大学教育学部教授、三重県理科・エネルギー教育研究会会長

著　者

平賀　伸夫　Ⅰ部の執筆、Ⅱ部（教材）の総括

田中　大樹　Ⅱ部（教材）の作成、改善

三重大学大学院教育学研究科修士課程2年

秦　　浩之　授業実践、結果の分析・検討

三重中学校・高等学校教諭

小西　伴尚　授業実践、結果の分析・検討

三重中学校・高等学校教諭

瀬川真奈美　授業実践、結果の分析・検討

三重中学校・高等学校教諭

自分ごととして考えるこれからのエネルギー教育

－「高レベル放射性廃棄物の処分」を題材として－

2018年3月1日　第1版第1刷発行

編著者　平賀伸夫
発行者　濱森太郎
発行所　三重大学出版会
〒514-8507　三重県津市栗真町屋町1577
三重大学総合研究棟Ⅱ3F
TEL/FAX　059-232-1356
印刷所　モリモト印刷株式会社

ISBN　978-4-903866-46-8　C6042　¥1600E